U0184133

零基础玩转

区块链

石胜彪◎著

中国商业出版社

图书在版编目（CIP）数据

零基础玩转区块链 / 石胜彪著 . -- 北京：中国商
业出版社 , 2020.11

ISBN 978-7-5208-1242-9

Ⅰ . ①零… Ⅱ . ①石… Ⅲ . ①区块链技术 Ⅳ .
① TP311.135.9

中国版本图书馆 CIP 数据核字 (2020) 第 161091 号

责任编辑：杨林蔚　佟彤

中国商业出版社出版发行
（100053 北京广安门内报国寺 1 号）
010-63180647　www.c-cbook.com
新华书店经销
三河市国新印装有限公司印刷
＊
710 毫米 × 1000 毫米　16 开　13.25 印张　195 千字
2020 年 11 月第 1 版　2020 年 11 月第 1 次印刷
定价：48.00 元
＊ ＊ ＊ ＊
（如有印装质量问题可更换）

前言

随着区块链应用的不断扩大，其势头也如浪潮般汹涌，席卷了技术和经济的各个层面。就连摩根大通、花旗集团、高盛集团、纳斯达克等在内的金融巨头，也都对区块链技术做出了异常关注。除了金融巨头，自2018年以来，"区块链"这三个字也在人们的日常生活中流行起来，已将堪堪"飞入寻常百姓家"，成了一个流行词汇。

无论在网络上，还在手机里，到处都是区块链的消息，区块链技术甚至还成了人类闲来无事的谈资，就连不了解互联网技术的大爷大妈也都争先恐后地想赶上"区块链"这趟车，其火热的程度由此可见一斑。可是，虽然人们对区块链表现出了很大的好奇心，想跟上时代的脚步，但多数人依然处于懵懂阶段。在我身边，有些朋友甚至还直言不讳地问题，区块链究竟是怎么回事？

区块链具有去中心化、开放性、独立性、安全性、匿名性等特征，能够给各行各业带来助力，且已经出现了很多成功案例。而所有的这些都源于区块链带来的革命性作用。

从历史角度来说，人类一共经历了几次技术革命，比如：蒸汽机的出现解放了生产力；电气的出现，满足了人们的生活需求；互联网的出现，则颠覆了信息传递的方式；而让众人感到疑惑的区块链，很可能成为当今世界发展的巨大革命性力量，极大地提高生产力，直接对生产关系造成重要影响。

如今，区块链的作用已经日益显露，比如：

网络安全。区块链使用高级加密技术对数据进行验证和加密，数据就减少了被黑客入侵或擅自更改的危险，使用起来更安全、更高效。

供应链管理。使用区块链技术，可以将交易永久地保留在分散式记录中，可以安全地进行监控，大大减少了时间延迟和人为错误。还可以对产品来源精心跟踪，验证产品的真实性。

共享交通。将区块链用于创建分散式的点对点共享交通，即使没有第三方提供，车主和使用者也能以安全的方式制定条款明细。

区块链的作用有目共睹，传统企业要想获得发展，就要抓住区块链的契机，端正思想，正确认识，将该工具充分利用起来。不管过去是否了解区块链，不管对区块链了解多少，都要从现在开始投入一定的时间和精力。

为了让读者了解区块链，为了给各企业主或管理者以帮助，我们特意编写了这本书。该书从区块链的基础知识入手，介绍了区块链的特点、分类、理论基础、比特币、以太坊、代码、具体玩法，以及区块链的具体玩法和未来展望。重点突出，介绍详尽，便于掌握。

记住，互联网高度发达的今天，抓住区块链才是王道！

目　录

上篇

区块链的基础知识

第一章　初识区块链

· ·

◇究竟什么是区块链

为了回答这个问题，我们先看几个案例。

案例 1：京东用区块链全程溯源

2018 年 4 月 14 日，京东公布"京东全球购 2018 年战略规划"，实现了售前、售中、售后等环节的保障升级。

在售前环节，京东全球购通过"买手团"把好源头质量关，用最高的标准来选择品牌与产品，提升了商品入驻门槛；同时，由检测机构对非知名品牌、安全性要求较高的商品进行检测，入驻商品都达到了严格的质量标准。

在售中环节，京东设定了"区块链防伪追溯解决方案"，涉及京东全球购业务，实现了"全程溯源"。品牌商采用区块链技术，为商品记录下第一条身份信息，然后进入京东海外仓、出口报关、国际物流、进入保税仓或直邮至中国海关口岸报单清关、国内分拣、京东自有物流配送、消费者签收等环节，工作人员为其独立记录信息，并附有工作人员的数字签名和时间戳，确保了信息的真实性，无法被篡改。

在售后环节，在全球招募第三方专家组成独立调查团，参与产品品质瑕疵、物流环节疏漏或者售后处理争议的调查工作。

案例2："快的"创始人发布"打车链"

2018年，"快的"创始人陈伟星推出了"打车链"。在"乌镇·世界区块链大会"上，陈伟星、杨俊等人对此做出正式回应："打车链"是一个完整的区块链经济共享平台，起名"VV Share"。其中，"V"代表的是劳动者的Victory（胜利），代表了让财富真正共享的必胜决心；"VV"代表的是多重的胜利，代表了经济体内所有成员的共赢；"Share"代表的是共享精神，体现了团队要贯彻的价值观。

VV Share从"与劳动者共享的交易平台""经济体内容资产的币改平台""可治理与跨链全流通的经济体公链"这三个方面打造经济体。陈伟星从自己最熟悉的打车领域VV Go切入，逐步推动民宿VV Stay、外卖VV Eats、航旅共享VV Fly等品牌；同时，社群还逐渐完善了钱包、交易所、行情、数据分析等配套设施，逐步完善生态，打造出公正、充满热情的"劳动者"社群。

案例3：区块链电子存证法律审查方式

2018年6月28日，杭州互联网法院公开宣判一起侵害作品信息网络传播权的纠纷案，首次确认了采用区块链技术存证的电子数据的法律效力，明确了区块链电子存证的审查判断方法。

在该案中，原告通过第三方存证平台，自动抓取了侵权网页，进行了侵权页面的源码识别；之后，将上述两项内容和调用日志等的压缩包，采用相关

技术，上传到 Factom 区块链和比特币区块链中。

杭州互联网法院认为，自动抓取程序有着极高的可信度，进行网页截图、源码识别，能够保证电子数据来源的真实可信；用符合相关标准的区块链技术对上述电子数据进行存证固定，能够确保电子数据的可靠性；在确认 Hash 值（哈希值）验算一致、与其他证据相互印证的前提下做出的电子数据，可以作为本案侵权认定的依据。

关于区块链的解释，可以从狭义和广义上进行理解。

狭义上讲，区块链是个开放的分布式账本，由区块以加密的方式连接而成，每个区块都记录了一系列交易，每个区块都包含着前一个区块的哈希值时间戳和交易数据。

广义上讲，区块链技术是利用加密链式区块结构来验证和存储数据，利用分布式节点共识算法来生成和更新数据，利用自动化脚本代码（智能合约）来编程和操作数据。可以将区块链想象为一个分布全球的公共账簿，任何参与节点都能够拥有这个账簿的所有记录，可以追根溯源。只要有一个可信任的中央服务器，按照需求所描述的去编写代码，就可以轻松地把状态记录在中央服务器的硬盘上。

区块链是一种分布式账本技术，如何理解？举个例子：

假设过去你们家是这样记账的：一家三口分别有一个账本，记录各自的花费，到了月底一起统计家庭总开销。

但丈夫喜欢买烟，妻子喜欢买化妆品，孩子喜欢买零食，可能都会有意无意地少记几条，有时还会进行涂改。所以，月底核对账本时，总会跟家里的实际支出有点出入。

为了改变这种状况，重新买了一个新账本，三人共用一个新账本记账，并互相提醒、监督，一起核对每一项花费。同时还约定，一旦把花费核对清楚、记录上去，就不能涂改和删掉。尝试了几个月，结果发现，该账本和家里的实际支出吻合多了。

区块链就类似于第二种记账方式。这个小故事告诉我们，区块链至少有这样几大特点：

（1）区块链是"去中心化"的，由过去单方维护的数据库变成了多方共同维护的数据库，大家凭借共识一起写入数据，任何人都无法单独控制数据。

（2）区块链由"各记各的账"变成"共同记账"，增加了数据的一致性、公开性和透明性。

（3）区块链只允许写入数据，不允许删除和修改，可以有效防止数据被篡改。

区块链上的代码一经运行就无法改变，必须按照既定的程序运行。区块链的革命性意义就在于，利用本身不可更改的特性实现人类社会从中心化的个人信任到去中心化的机器信任模式的转变。

在区块链上，不仅记录着所有的初始情况，还记录着每次更改和变动情况，不依赖于任何组织或个人。通过一条条不可更改的历史记录，区块链就能让互不信任的个体达成一致。

◇区块链的诞生

从《小岛经济学》谈起

要想了解区块链的诞生，首先就要了解彼得·希夫和安德鲁·希夫编写的《小岛经济学》一书。在这本书中，作者用生动的故事讲述了小岛的发展兴衰，揭示了经济增长的根源。当然，这里说的小岛并不是某一经济学家的名字，而是岛屿。该书就是从海洋中的一个小岛开始说起的：

艾伯、贝克和查理三人一起生活在一个小岛上，生活条件非常艰苦。这里的食物种类异常贫乏，最多的就是鱼。可是，他们三人都不会使用现代的捕鱼技术，为了抓到更多的鱼，只能跳进水里亲自抓。开始的时候，他们每人每天只能抓到一条，每顿吃一条，基本能果腹。每天的生活内容都是：醒来、捕鱼、吃鱼、睡觉，既听不到美妙的音乐，也无法吟诵感情激昂的诗歌，枯燥而乏味。

为了改善生活，三人开始想办法，最后艾伯想到了一种捕鱼工具——渔网。在他的设想中，使用这种工具，不仅能扩大捕鱼范围，还能保证捕鱼的数量。说干就干，艾伯立刻寻找材料。他找来很多树皮，把它们撕成均匀的细条，然后结成绳子。

贝克和查理却觉得艾伯太疯狂，简直是异想天开。于是，他俩对艾伯提出了警告："尽搞些没用的东西，既然你没时间捕鱼，我们捕获的鱼就没有你的份了，你饿肚子去吧！"

最终，艾伯花费了整整一天的时间，以挨饿为代价，编织成了一张渔网。第二天，艾伯便拿着自己编织的渔网来到海边，他一下子就抓到了两条鱼。查理和贝克在一旁看傻了。他们一天的工作，居然就这么轻易地被艾伯完成了！渔网的出现，让小岛的生产力极大地提高，一天能抓到 2 条鱼，艾伯完全可以休息一天，做点其他的事情。

看到渔网的作用后，查理对艾伯说："你的神器确实不错，反正你隔一天才去抓鱼，既然这样，就借给我用一天吧。"艾伯担心他们损害自己的装备，果断拒绝："要用就自己做，为了做这张渔网，我挨了一天饿，你们也得尝尝挨饿的滋味。"

查理和贝克想了想，跟艾伯商量："你先借给我们一条鱼，等我们做好渔网捕到鱼后，再还给你。"艾伯想了想，觉得对自己没好处，如果他们的渔网做不成，自己岂不是要白白损失一条鱼？最终，艾伯再次拒绝。

为了跟艾伯借到鱼，贝克决定付些利息，于是说："我借一条鱼还两条，多出来的一条鱼就是对你的风险补偿。"

艾伯想了想，觉得这个方法还不错，最终借给查理和贝克每人一条鱼。

鱼越来越多，就需要存起来，于是银行诞生了……

艾伯靠着自己的努力，提高了小岛的生产力，无论是借贷，还是租赁渔网，都能给另外两个人带来好处，这也是富人致富的根本原因。而艾伯的作用，就是为小岛提供了储蓄，让小岛有了商业模式。

艾伯借给另外两个人鱼，如果不收利息，那两个人多半都不会主动捕鱼，

反而会阻碍岛内的经济创造。艾伯之所以要将鱼借给贝克和查理，是因为他觉得这样做收益最大。当然，这里也有风险，比如：另外两个人太笨，渔网没做成，艾伯的两条鱼就会打水漂了。

这个故事告诉我们，如果外界条件不足以满足自己的需要，就要想办法创造资本，懂得取舍，敢于冒险。虽然饿了一天，但艾伯却创造出了"渔网"，满足了捕鱼的需求。捕鱼工具的使用，极大地提高了生产力。生产的东西越多，消费的东西也就越多，生活自然也就越好。然后，就可以像艾伯一样，致力于创新。如此，就会进入一个正面循环，增长也会越来越快。

▤ 究竟谁是"中本聪"

在 2008 年发表的一篇论文中，一位署名"中本聪"的人提出了这样一个革命性构想：让我们创造一种不受政府或其他任何人控制的货币！仅有一串数字，缺少资产支持，无人为之负责，将它付给对方，谁会接受？但是，这一疯狂构想很快就得到了实践。在之后的几年时间里，在无数爱好者的支持和帮助下，比特币网络逐渐构建并且运行起来，参与其中的人和资本越来越多，最终形成了"燎原之势"。到了 2017 年，比特币实现了爆发式增长，从年初的 1 千美元 / 枚直接涨到 2 万美元 / 枚，震惊海内外。

那么，"中本聪"到底是谁呢？对于"中本聪"的真实身份，人们一直都在猜测。有人认为，"中本聪"不仅是一位优秀的算力专家、金融专家，更是一位营销高手和心理学家。因为只有同时具备这些条件，比特币才能在短短的几年时间里由一种不值一提的虚拟币飙涨数万倍。可是，许多加密货币投资者依然不知道"中本聪"到底是谁。那么,"中本聪"的真实身份究竟是怎样的呢?

1. 关于"中本聪"的猜测

关于"中本聪"的猜测,仅国籍,就有许多版本。比如,美国人、以色列人、印度人、委内瑞拉人,甚至有人还认为他是外星人。

2014 年 3 月,美国自由撰稿人莉亚·麦格拉斯·古德曼(Leah McGrath Goodman)在《新闻周刊》网站发表文章,自称找到了"中本聪",还跟对方进行了面谈。根据他的描述,"中本聪"是一名 60 多岁的日裔美国人,曾就职于国防部,有过两次婚姻,生有 6 个孩子。古德曼甚至还给"中本聪"拍了照片,但照片中的"中本聪"头发凌乱、神色疲惫,跟人们想象中的形象相差甚远。后来,照片中的这个人否认自己是比特币发明者,说自己从来都没听说过比特币。

2015 年 5 月 2 日,45 岁的澳大利亚企业家克雷格·史蒂文·莱特(Craig Sieven Wright)在接受 BBC(英国广播公司)采访时承认,他就是比特币的发明者"中本聪"。他说,之所以要公开自己的身份,并不是为了出名,只是为了纠正公众对他的误解。在过去的几个月中,公众的猜忌不仅影响了他,更对他的家人、员工和公司等造成了巨大影响。为了消除人们的误解,为了证明自己的身份,莱特不仅拿出了有力的技术证据,还出示了比特币。莱特的身份被曝光后,社交新闻站点 Twitter 和 Reddit 出现了众多质疑,许多人甚至还认为整个事件是人们精心策划的一场阴谋。所以,莱特到底是不是"中本聪",依

然是个值得人们猜想的大谜团。

2016 年，一位名叫 Craig Wright 的澳大利亚科学家自称为"中本聪"，还发表了一些颇具争议性的言论。但一直到现在，其真实性也没有得到证实。

2018 年 3 月，有人自称是"中本聪"，结果很快就被打回了原形。

2. 比特币世界里流传的几种猜测

关于"中本聪"的真实身份，在比特币世界里流传着这样几个猜测：

（1）Hal Finney。Hal Finney 是全球第一个在推特上提到比特币的人，也是第一个收到"中本聪"转账比特币的人。因此有人认为，他可能是传说中的"中本聪"。即使他不是"中本聪"，也可能离"中本聪"很近。如今，Finney 已离开了人世。

（2）Nick Szabo。Nick Szabo 是一名"去中心化"货币的爱好者，发表过一篇关于"比特金"的论文。有人认为他就是"中本聪"，但尼克对此多次否认。

（3）Dorian Satoshi Nakamoto。Dorian Satoshi Nakamoto 是一位生活在美国加州 Temple City 的日裔美国人，该名字翻译成日语就是"中本聪"。虽然他一再否认自己是"中本聪"，并从未听说过比特币，但依然无法阻止众多媒体的报道。

（4）Craig Steven Wright。2015 年《连线》和《Gizmodo》杂志曾发表声明："中本聪"是一位名叫 Craig Steven Wright 的澳大利亚企业家；之后，Craig 亲自证实了这一说法，他的名字迅速出现在了互联网上。可是，由于他无法证明自己就是"中本聪"，最后也只能删除了所有的博客。

重要的《比特币白皮书》

2008 年 10 月 31 日，"中本聪"发布了《比特币白皮书》。该白皮书中讨论了比特币的概念，可以让读者全面了解比特币的运作方式。要想深入了解区块链产品，就要认真学习《比特币白皮书》里面的内容。这里我们简单介绍几个《比特币白皮书》的重要语录。

（1）比特币的信任基础。比特币是一个支付系统，最大的问题就是"双花"。其实，在实物货币体系中，"双花"根本就不存在，需要我们亲手将钱交给卖方。而比特币交易，每个人都知道并了解前一笔交易的发生，对之前的交易充满了信心，绝不会出现重复花费的问题。

（2）比特币交易非常安全。比特币正常运作的前提一共有两个，一个是破解难度较大，另一个是试图创建欺骗性交易链的人无法创造出真正的区块链。如此，就需要具备一定的算力。实现了这一点，才能维护网络安全、保证正常交易、产出比特币。而这也遵循了能量守恒的原则。

（3）比特币网络的一致性。随着比特币网络区块的不断增加，很可能会遇到这样一个问题：并不是所有的节点都会持有区块链的最新版本。一直以来，节点都将最长链看作是唯一的链，如果错过了某些区块的节点，完全可以要求重新下载。

（4）比特币消除了中间人机制。对于银行等中心化权威，比特币的依赖性很小。举个例子，在特定时期，信用卡公司允许买方撤回或逆转交易，卖方收到的交易不是永久有效的。而比特币消除了第三方，支付更可靠且不可

逆转。

（5）工作量证明异常重要。随着时间的推移，比特币网络会变得越来越强大，工作量证明就是重要能量之一。随着区块链的逐渐变长，攻击的成功率就会慢慢减少，比特币的防御机制也变得更加强大。

（6）比特币的隐私性。隐私，是加密货币交易最有价值的优势。为了防止被追踪，用户可以采用其他方式，包括在每次交易时使用不同的秘钥信息等。

（7）比特币挖矿激励。随着比特币价格的上涨，投入新区块解锁中的算力越来越多。进行挖矿激励，有助于节点保持诚信，收益更高。

何为区块，何为链

"区块链"由两个词根组成，一个是"区块"，另一个是"链"。区块链技术将数据库中需要存储的数据分成不同的区块，各区块都会通过特定的信息跟上一区块进行连接，然后按时间顺序连接起来，呈现出一套完整的数据。

从本质上来说，区块链数据库就是按照时间顺序串联起来的一个事件链，使用协议规定的密码机制进行认证，不容易被篡改和伪造。

1.区块

使用密码学方法产生的数据块，以电子记录的形式被永久储存，存放这些电子记录的文件就是"区块（block）"。比如，比特币的区块链上完整地记录着每笔历史交易的信息，包括神奇数、区块大小、数据区块头部信息、交易计数、交易详情等，就像一个银行账本。

每个区块都由块头和块身两部分组成。块头，能够链接到上一个区块的地址，保证了区块链数据库的完整；块身，主要包括经过验证的、创建块过程中发生的交易详情，以及其他数据记录。如此，就能保证区块链数据库的完整性和严谨性。具体来说就是：

（1）各区块记录的交易都是上个区块形成后、该区块被创建前发生的价值交换活动，有利于保持数据库的完整性。

（2）新区块完成后，会被加到区块链的最后，该区块的数据记录不能改变、不能删除。如此，就保证了数据库的严谨性。

2. 链

区块之间是如何"链"起来的呢？区块是由各区块间的数据区块头部信息链接起来，头部信息记录了上一个区块的哈希值和本区块的哈希值，本区块的哈希值被记录在下一个新的区块中。同时，包括时间戳，区块链也就含有了一定的时序性。区块时间越长，后面链接的区块越多，修改该区块需要花费的代价也就越大。

区块链上，记录着创世块以来的所有交易，形成的数据记录还不能篡改，因此，交易双方的价值交换活动都可以被追踪、被查询。这种数据管理体系公开透明，为现有的物流追踪、日志记录、审计查账等提供了追踪参考。

举个例子：在医疗方面，区块链最主要的应用是电子病历。其实，病历就是一个账本。过去，病历一般都掌握在各医院手中，患者并不知道。患者

不知道自己的医疗记录和病史情况，到医院就医的时候，医生也无法了解患者的病史记录。使用区块链技术，就能对健康病历和检验数据进行保存，继而形成一个医疗记录的历史数据库，医生在诊断的时候，就能通过查看影像、心电图、睡眠模式、血糖等检测数据来做出诊断。同时，个人或患者也能掌握自己的健康信息，无论是就诊，还是做健康规划，都可以以此为参考。

总结起来，区块链的主要优点如下：

（1）不能篡改。信息经过验证并添加到区块链，就会被永久地存储起来。单个节点对数据库的修改是无效的，只有同时控制住系统中超过51%的节点，才能实现。因此，区块链的数据有着极高的稳定性和可靠性。

（2）去中心化。区块链主要使用分布式核算和存储，没有中心化的硬件或管理机构，所有节点的权利和义务都是均等的，系统数据块的维护主要依赖于具有维护功能的节点。

（3）开放。区块链系统完全开放，高度透明。除了交易各方的私有信息外，其他数据都对所有人公开，通过公开的接口，任何人都能查询区块链数据和开发相关应用。

（4）自治。区块链采用的是基于协商一致的规范和协议。系统中的所有节点都能在去信任的环境中自由、安全地交换数据，对机器无比信任，人为的干预发挥不了任何作用。

（5）匿名。节点之间的交换遵循一定的算法，其数据交互无须信任，交易对手不必通过公开身份的方式让对方产生信任，有利于信用的累积。

◇区块链的发展

≡ 区块链 1.0 时代

比特币是最早出现也是到目前为止规模最大的加密虚拟货币，是区块链 1.0 时代的一个重要应用，代表了区块链技术的起源。

1. 区块链 1.0 时代的特征

（1）数据层，以区块为单位的链状数据块结构。所谓的链状数据块结构，就是通过加盖时间戳将系统中的数据块有序链接到一起；通过密码学等技术手段处理后，以首尾相连的方式有序联系在一起。一旦产生了新的区块，并需要打包上传至区块链系统中时，系统中的节点就要将新区块的前一个区块的散列值、当前时间戳、发生的有效交易、梅克尔树根值等打包上传，向全网广播。

（2）全网共享账本，确保了账本信息的真实性。在区块链网络中，记录历史交易的信息被传递给了每个节点，各节点都能拥有并存储一本完整、一致的交易总账。即使个别被攻击，也不会影响全网总账的安全性。此外，全网的方式是连接起来的，没有单一的中心化服务器，能够有效防止双重支付的可能。

（3）非对称加密，搭建了比特币的安全防御系统。非对称加密算法是区块链的一个重要应用，通过公钥与私钥结合的方式，搭建了一套比特币安全防

御系统。区块链网络中设定的共识机制、规则等都可以通过一致的、开源的源代码进行验证。

这几个特征，不仅奠定了区块链发展的基础，还有效解决了"双花"问题，保证每笔数字现金只会被花掉一次，避免重复支出。这种现象在互联网上大量存在，比如，可以将一份文件或音乐无限复制并转发给想发送的任何人，无须付出相应的代价。

如何避免数字资产被重复使用呢？"中本聪"在《比特币白皮书》中做出了如下设定：

（1）每个节点都能将收到的交易信息打包进区块。

（2）当一个节点找到了工作量证明时，就能向全网进行广播。

（3）新交易向全网进行广播，网络中的每个节点都能知道有一笔交易发生。

（4）每个节点都能尝试在自己的区块中找到一个具有足够难度的工作量证明，获得优先广播权。

（5）当包含在区块中的所有交易都有效且之前从未存在过，其余节点才会认同该区块的有效性。

（6）得到认可的区块将被接入系统中，与链上的其他区块链接起来，不断地延长链条的长度。

在比特币系统中，一个交易被连续确认六次后将不可逆转：一笔交易数据被打包到一个区块后，即使被交易，信息也将永久地存于区块链上。因为每次确认都需要花较长的时间，每笔资金都无法进行两次支付。每笔交易都不可能与前笔交易同时得到确认，而一旦这笔交易确认有效，第二次交易就无法得到确认，需要有效避开。

2. 区块链 1.0 时代的现实应用

区块链 1.0 时代出现了以比特币为代表的系列虚拟货币，比如，莱特币、狗狗币、瑞波币、未来币、点点币等。

这些"另类货币"，开启了互联网金融领域的另一片天地。在虚拟货币的应用场景下，个人可以用去中心化、分布式且全球化的方式，在人与人之间分配和交易各种资源。

区块链 1.0 时代，区块链在金融领域掀起了一股巨浪。在转账、汇款和数字化支付相关领域，区块链技术备受关注。在这些领域，传统方式要通过银行等中心机构进行开户行、对手行、清算组织、境外银行等处理过程，时间长，成本高；应用区块链技术后，支付可以实现端对端的交易，去掉了烦冗的中间处理环节，不仅快捷，交易成本也非常低。尤其是跨境支付方面，基于区块链的支付系统可以为用户提供全球范围的跨境、任意币种的实时支付清算服务，让跨境支付以低成本的方式瞬间完成。

区块链 2.0 时代

区块链 2.0 是一台"全球计算机"，是对整个市场的"去中心化"。

区块链 2.0 是数字货币与智能合约的结合，是对金融领域更广泛的场景和流程进行优化的应用，最大的升级之处在于有了智能合约。

区块链 2.0 定位于应用平台，在该平台上，可以上传和执行智能合约，且合约的执行还能得到有效保证。平台与外部的 IT 系统进行交互和处理，被运用于各行各业。

1. 区块链 2.0 时代的特征

区块链 2.0 时代的关键词是"合约"，区块链技术被广泛运用于金融等方面，比如股票、债款、按揭、产权、智能资产等领域。

区块链 1.0 向 2.0 的迈进，从某种程度上讲，是"中本聪"关于区块链原有设计理念的推进过程。沿着原有的设定，区块链技术在比特币的发展中不断进化。"中本聪"的设想中有三个核心构想："去中心化"的公开交易总账、端对端的直接价值转移体系、强大的脚本系统以运行任何协议或者货币等。比特币实现了前两项，第三项技术的实现则体现在以太坊上。可以说，以太坊的出现是区块链 2.0 时代的代表，与合约技术的发展密切相关。目前，以太坊上已经有数千个应用。

智能合约是以太坊显著的特点之一，是可编程货币和可编程金融的基础技术。关于"智能合约"这个概念，最早由密码学家尼克萨博于 1995 年提出，可以简单地理解为：以数字形式定义的一系列承诺，一旦合约被设立，在区块链系统上即使没有第三方参与，也能够自动执行。

智能合约的原理充分体现了程序员一直信奉的"代码即法律"。虽然该理论提出的时间不太短，但直到以太坊出现，智能合约才被广泛应用，以太坊为智能合约提供了一个友好的、可编程的基础系统。

智能合约顺利执行的前提条件是：已定的合约内容不能被篡改，执行过程要公开透明、值得信任。区块链技术出现以后，非中心化、防篡改、集体维护、可追溯等特性成为智能合约天然的共生环境。当以以太坊为代表的新一代区块链应用与智能合约紧密结合后，区块链技术得以再次提升。

2. 区块链 2.0 时代的现实应用

得益于开源的程序环境及智能合约的应用，到了区块链 2.0 时代，其应用范畴已经超越货币，延伸至期货、债券、兑票、年金、众筹、期权等金融衍生品。

在以以太坊为代表的区块链上，人们可以编写资产的代码资产，简单地说，即可以发行自己的区块链代币。而使用什么样的发行机制、代币叫什么名字、发行多少数量、怎样发行都由自己决定。同时，也可以通过编写智能合约的代码来创造非区块链资产的功能，比如投票、对赌、条件合同等。

目前虽然基于区块链的智能合约还处于初始阶段，但是其潜力却很明显。我们可以畅想：未来有一天，人们名下的房产、车等有形资产都会以数据的形式进入区块链，并以合约的形式生成一份遗嘱。根据遗嘱设定的条件，若干年以后设定的遗嘱程序被触发，这些资产将按照立遗嘱人的意愿自动转给继承人，无须法院或律师等第三方的裁定。到那时，或许律师的业务也将发生改变，由裁定合约改为在区块链上创建智能合约模板。人们将以智能合约为基础，开展各种各样点对点的商业活动，再也不用担心因人性的贪婪而造成的毁约、欺诈等行为，机器"法官"将客观、公正地执行既定合约。

简而言之，在区块链 2.0 时代，承载智能合约的区块链技术将充分发挥非中心化交易账本的功能，可以被用来注册、确定和转移各种不同类型的资产及合约。但是，目前区块链 2.0 时代还处于早期阶段，很多应用仍以理念为主，应用并未形成规模，多数项目还需要经过时间的验证。不过，其广阔的应用前景依然受到了中国、美国、以色列以及欧洲大多数国家的关注。

区块链 3.0 时代

政府一般都是通过发行货币等方式来量化信用，在区块链技术得到推广和普及后，产生了其全面参与量化信用的热闹场面。信任是一种协议，存在于潜意识里，但潜意识多变，信任关系自然也就不稳定。而运用区块链技术，就能解决人性中的不信任问题。

在讨论区块链 3.0 时代之前，我们先要了解几个概念：DApp、DAC、DAO、DAS。

DApp，Decentralized Application 的简称，即去中心化应用。

DAC，Decentralized Autonomous Corporation 的简称，即去中心化自治公司。

DAO，Decentralized Autonomous Organization 的简称，即去中心化自治组织。

DAS，Decentralized Autonomous Society 的简称，即去中心化自治社会。

区块链的应用演变就是，从 DApp 到 DAC 及 DAO，再到 DAS，是一步步推进的发展史。当区块链技术应用于社会治理时，我们也就迈进了区块链 3.0

时代。

构建在区块链上的智能化政务系统，可以承载存储公民身份信息、管理国民收入、分配社会资源、解决争端等公共事务，在该系统中，地契、注册企业、结婚登记、健康档案管理等与公民相关的信息得以保存。当婴儿呱呱坠地时，医生就会将孩子的出生年月等信息上传至区块链公民电子身份系统；系统确认孩子的信息后，就会分配给孩子一个 D（去中心化应用）；D 被政府相关部门确认后，电子身份信息便会伴随孩子的一生；此后，孩子的学籍、健康、财产、职称、信用等信息都会与 D 挂钩，存储在区块链上；当他去世时，有关他的遗嘱合约就会被触发，相关财产就会被分配给继承人，在系统上关于他的信息链将不再新增信息。

区块链 3.0 阶段，构建了一个完全去中心化的社会网络，可以用极低的成本形成社会的信任关系，使整个社会运行成本大幅下降。不仅可以实现自动化采购、智能化物联网应用、虚拟资产的兑换和转移、信息存证等应用，还能在艺术、法律、开发、房地产、医院、人力资源等各行各业发挥作用，促进科学、健康、教育等领域的大规模协作，继而重构整个社会。

区块链 3.0 时代是区块链全面应用的时代，构建了一个大规模协作社会，除了金融、经济等方面，区块链在社会生活中的应用更为广泛，特别是在政府、健康、科学、文化和艺术等领域。随着区块链底层技术的完善和创新，区块链 3.0 必然会解决 1.0 时代因交易数据受限带来的无法规模化问题以及 2.0 时代的应用领域局限性问题。

具体来说，区块链 3.0 时代主要具有以下两个方面的优势：

（1）区块链 3.0 时代，交易吞吐量大、速度快。交易时间及吞吐量不再受传统区块链技术中区块大小和区块生长速度的限制，为大规模应用到日常社会提供了基础条件。

（2）区块链 3.0 时代，可扩展性强，不仅能够记录金融业交易，甚至可以记录任何有价值的、能以代码形式表达的事物。因此，随着区块链技术的发展，其应用必然会扩展到任何有需求的领域，进而发展到整个社会。

◇区块链的现状

从 2009 年诞生至今，区块链技术经过短短十余年的发展，已经在金融、供应链、物联网、知识产权保护、房地产、奢侈品以及食品药品追溯等领域小试牛刀。如今，区块链的热潮已经席卷了各行各业，成为当下最热门、最受瞩目的信息技术之一。

1. 不同特性应用的发展现状

从区块链平台的发展来看，目前已经出现了比特币、以太坊、EOS、Hyper Ledger 等多个公共区块链开发与应用平台，为快速开发与部署区块链提供了方便快捷的基础。目前，在以太坊应用平台上，已经具有 2000 多个应用（DApps），部署了 4000 多个智能合约，每日活跃用户超过 2 万，构筑了一个强大的区块链分布式应用生态体系。

（1）基于区块链的"自治"特性，区块链衍生出各种自主分布式管理属性，被广泛地应用于新组织结构管理、身份管理与隐私管理等领域。比如，2016 年，"The DAO"通过区块链，在网络上构建了一个分布式自治组织，不到 1 个月，就从 1 万多名用户那里筹集到 1.5 亿美元的资金，是当时金额最大的众筹项目。虽然由于一个安全漏洞导致"The DAO"最终失败，但它所开创的分布式组织模式依然有着不错的参考价值。Sovrin 是一个自治身份的管理平台，即使没有其他中心机构的帮助，用户也能用一种安全、隐秘的方式提供可验证的身份凭证，最大可能地保护自我隐私。

（2）基于区块链的"可信"特性，区块链在奢侈品销售、食品与药品追溯以及供应链管理等领域大展拳脚。比如，英国公司 Everledger 成立于 2015 年，基于区块链技术，为每颗钻石的身份和交易信息提供一个不可篡改的账本记录，截至目前，已经在区块链上上传了近百万颗钻石的身份和交易信息。

（3）基于区块链，很多研究人员都在探索未来网络基础设施的架构。通过区块链技术，借助未来网络中人、设备、服务的统一身份认证和管理，能使人与机器、机器与机器之间实现通信，能使基于智能合约的多智能体实现实时交易……这些都是融合互联网、工业互联网、卫星通信网络等未来网络的核心与关键。

2. 区块链技术发展的优势

如今，只要一提起区块链，大家的第一反应就是数字货币。区块链是比特币的核心底层技术，比特币的诸多特性都源于区块链。也就是说，比特币是构建在区块链上的一种应用，也是当下区块链创新应用中最成熟、最成功的应用。其实，除了数字货币，区块链在支付清算、证券交易、供应链金融、保险、征信等领域都发挥着很大的作用。

有关报道显示，在我国所有的区块链创业项目中，金融类的占比最高，达到 42.72%；服务类的占比为 39.18%。

（1）区块链应用的显著优势在于优化业务流程、降低运营成本、提升协同效率，这些优势已经在很多领域逐步显现出来。但区块链与行业之间的融合应用依然在不断地探索尝试，落地效果突出、不可替代性强的区块链应用案例仍然比较少。目前，部分区域的区块链项目已经初步有了一些简单的应用场景，比如，通过以太坊网络和 BTS 平台可以发行一些新的基于区块链技术的项目；通过 STEEM 可以帮助内容创作者去中心化……可是，不管是体量，还是可以实现应用的数量，这些都还远远不够。

（2）在区块链技术发展趋势方面，弱中心化的联盟链会是企业级区块链应用的主流方向，可扩展性将是驱动区块链技术持续演进的关键因素，安全性则是金融等商业场景的区块链应用基础。

总体来说，区块链的发展演变中还存在很多未曾改变但不断调整的规则，如果这些规则都发展完善，就区块链技术来说，一定会出现一款足以颠覆一切甚至秒杀现有技术的落地应用，因为每个区块链应用的实现都是一次行业突破机会。

未来区块链需求巨大。区块链由于应用还不充分，并没有像互联网、大数据、AI 等发挥大作用，但我们相信，区块链虽然迟到，但不会缺席。

◇区块链赋能实体经济改造世界的逻辑——链改

"链改"是通往数字时代百年财富增值之门，是信任机制、激励机制和组织机制，是区块链改造升级经济社会系统的基础逻辑。

1. 什么是链改

所谓链改，就是利用区块链计算逻辑赋能实体经济，改造世界。具体说就是通过公链、通证和社区，对经济和社会系统进行改造、升级，实现新经济增长、结构大转型、全民创富的目标。

2. 链改六论

技术创新是其一，安全科学是标准；

数学转型是其二，智能定制做供应；

网络协作是其三，克服信息不对称；

社区共享是其四，生产关系要改正；

数字金融是其五，代码信用来增信；

通证激励是其六，客户上帝变家人。

3. 九个经典技术痛点解决方案

（1）溯源可防假冒伪劣。

（2）确权可防盗版侵权。

（3）身份认证可防坑蒙拐骗。

（4）防伪防篡改可做发票。

（5）存证可做"呈堂证供"。

（6）非对称加密可在使用数据时保护隐私。

（7）分布式存储保护数据安全。

（8）陌生人互信实现业务共享。

（9）去中介可做救助。

4. 区块链对国家治理的重要价值

（1）DECP。DECP 是"Digital Currency Electronic Payment"的简称，是中国自己的数字货币，更强调电子支付。运用区块链，不仅能解决融资难或融资贵的问题，还能够引导金融中介降低成本、提高效率，促进全球货币体系的多元化。

（2）信用平台。双信用模式，代码信用增强国家权威机构信用，惩恶扬善，告别假冒伪劣、坑蒙拐骗、盗版侵权、贪污腐败等。

（3）电子政务。借助区块链，政务数据就能共享，业务办理起来也更加简便。如此，就减少了群众跑路的时间；此外，还能为项目招标管理提供助力，有利于政府的投资项目管理。

（4）股改到链改。运用区块链，能够将员工的主人翁意识充分调动起来，多劳多得，避免大锅饭；同时，还能用公分性质的正激励，补充或代替员工持股、促进所有制改革等。

（5）启动经济。区块链可以创新驱动，促进企业的转型升级，实现成果到财富的成功转化。

（6）扶贫等民生。区块链是较好的救助模式。

（7）环保。区块链能防伪、防篡改和可追溯，直接定位污染环境者。

（8）防风险。沙盒从金融开始，可用于其他所有行业。

第二章 区块链的分类

◇区块链的技术应用分类

区块链技术应用领域有哪些?

1. 应用领域一:医疗保健行业

举个例子:

贵州朗玛信息技术股份有限公司(以下简称"朗玛")实践了适用于慢病管理场景的区块链技术:通过共识算法、智能合约,在同一网络中进行数据共享和管理。

"朗玛"将用户特有的身份信息创建了独有的数字身份和公私密钥,可以协助用户对个人数据授权进行管理。监管机构不用——比对,就能获取可信数据,掌握居民慢病管理整体状况,大大提升了监管效率。

通过区块链技术,该项目在保证用户隐私基础上,实现了慢病管理的全程共享、全程协同和全程干预。

区块链是一种数据结构,兼具分布式加密、匿名、无法篡改与全球化等特征,给我们带来了稳定,在上面记录的任何信息都不会改变,同时只有遵守

规则的交易才会被认可。在医疗保健领域，借助区块链技术，不仅能使病人的隐私得到更佳的保护，还能促使病症研究人员之间更加公开地共享数据。

医疗保健作为一个行业，从区块链整合中受益最多。

（1）身份管理。基于区块链的患者识别系统，可以改善最危险和最棘手的问题。

（2）数据保护。医疗行业是数据泄露次数最多的行业，该数据包括患者、医生和医疗记录等机密信息。"去中心化"系统可以保护数据免受本地节点的攻击，避免出现故障，还能使医院和患者之间的数据共享更安全、更快捷。

（3）防止欺诈。在医疗保健行业，欺诈通常是指伪造医疗记录、索赔和工作证明。但是，防篡改的哈希分类账可以解决这个问题。

2. 应用领域二：保险行业

试想这样一种场景：

在保险行业内部建立起一条联盟链，监管部门和所有保险公司都是链上的节点，所有投保人、被保险人和受益人的关键信息通过加密的方式进行链上储存，这些信息被盖上时间戳，且不可篡改。每个节点都可以查询客户的保单状态、核保和理赔信息。

这就是未来区块链在保险业应用的构想之一。在此场景中，客户隐私能够得到更好的保障，保险公司通过联盟链能够掌握更多的客户信息，有效避免客户超额投保，使核保更加高效。

保险业务的复杂性在于，风险评估的过程涉及多方协调和大量记录的核对，如此也就让区块链技术在保险领域有了用武之地。例如，以智能合约制作保单，就能进行自动化收费与理赔等程序，节省人力，避免人为疏失，减少纸质作业……一句话，区块链技术可以为保险业节省大量资金，同时改善数十亿人的生活。

（1）索赔处理。处理保费和索赔占用了保险公司的大部分时间。使用基于区块链的应用程序，可以安全、快速、无误地共享和更新信息，更不用说节省大量纸张和工作时间了。

（2）新服务。如 P2P 保险、小额保险、按需保险、再保险和参数保险等服务，都能在区块链的帮助下高速发展。

3. 应用领域三：电信行业

积极利用自身在网络资源和终端资源上的优势，电信运营商就能布局区块链新型生产模式，促进客户价值和供给升级，在数字经济新时代从下层管道商升级为客户价值新入口。

中国电信提出了第一个 ITU–T 区块链国际标准，并在区块链 SIM 卡（BSIM），以及基于区块链的电子招投标、基于区块链的省间清结算、基于区块链的可信溯源等创新业务方面进行了探索与实践。

中国移动立足安全标准，重点在 PKI 安全基础设施、国际漫游清结算方面进行示范应用。

中国联通发力专利标准软实力，截至 2019 年年初，专利数达到 113 件，全球范围内排名第六，同时积极赋能沃云 BaaS、大数据交换等传统业务。

不难看出，区块链已在电信领域呈现百家争鸣、百花齐放的态势，区块链技术的去中心化、防篡改和多方共识机制等特点，决定了区块链在解决电信

行业合作问题中需要多方共同决策并建立互信。那么，区块链技术在电信行业究竟有哪些典型的应用场景呢？

（1）权力下放。电信行业高度集中，独立实体拥有整个供应网络并承担所有成本。随着越来越多的数据传输，改进基础设施的需求增加，削减了利润率，增加了消费者成本。电信公司分享数据，计算能力和基础设施采用中心化，会带来更可持续和可扩展的业务模式。

（2）5G支持。从3G到4G的转变非常昂贵，电信公司没有达到这项投资的预期回报。为了保持竞争力，通信服务提供商必须尽快推动具有竞争力的5G服务。区块链允许电信公司从传统客户端及服务器模型转移到本地化的接入节点系统，这将带来更快、更可靠和更具竞争力的成本。

（3）新的收入来源。身份即服务、数据管理、物联网连接以及由于区块链实施而成为可能的新伙伴关系。这些都是电信行业的额外收入来源。

4.应用领域四：能源行业

能源部门处于重大技术改革的中期，区块链发挥着重要作用。举个例子：

由于长距离传输，美国每年损失1300亿美元的能源。Microgrids（微电网）的目标是通过创建小型、本地化的发电站来解决这个问题，这些发电站可以通过防篡改分类账执行能源交易。

区块链技术应用已经被运用得越来越普遍，运用区块链分布式记账，可以降低交易成本、追踪能源来源、提高交易效率，可以将固定的家庭分布能源设备链接起来，给分布式的能源行业带来革命性的变化；区块链技术贯穿整个能源价值链，不仅能大大降低效率，还能降低交易的成本和风险。如今，越来越多的能源企业和市场投资参与者，利用区块链、大数据、物联网等技术来优化其交易流程，享受到了更加智能、便捷和优质的平台服务。

5.应用领域五：供应链

举个例子：

浙商银行将区块链技术和供应链金融结合在一起，推出了产品"仓单通"。

通过"仓单通"平台，存货人可以把提货单、仓储货物转化为标准化的区块链电子仓单。存货人既可以向受让人转让区块链电子仓单，又可以将其质押给银行获得在线融资。

提货时，仓单持有人可以凭借合法取得、非质押的区块链电子仓单向仓储监管方提取货物，将线上挂牌交易、线下实物交割同步进行，减少传统模式下的交易环节，提升业务的安全性、合规性和时效性。

区块链与供应链金融的结合，主要是因为区块链技术不可篡改、可追溯、可信任等特点，可以有效推进供应链金融的线上化和智能化发展。供应链金融是区块链技术在金融场景中实践较为广泛的一个领域，数据显示，供应链中的区块链实施可以使全球贸易量增加15%。这些收益大部分可以在三个方面取得：

（1）可追溯性。溯源是任何供应链中的一个重要方面。基于区块链的溯源应用程序是完美的解决方案，能够处理大量数据集，实时的数据访问和更快的数据共享。

（2）认证。食品安全和假冒商品会对健康造成严重威胁，造成数万亿美

元的收入损失。区块链提供了一种可验证并可靠的方法，商品和服务在世界各地都可以进行验证。

（3）自动化。中间商和人工交易每年都会花费数万亿美元，并使整个系统变慢。比如，Secur Capital 公司基于区块链已经开发出一种更安全、更快速的自动化供应链间通信和运营的替代方案。

6.应用领域六：网络安全

随着数千次网络攻击，网络安全变得越来越重要，传统使用网络的方法变得越来越不安全。基于区块链技术的互联网，能够更安全地抵御网络攻击。虽然不能立刻重做整个互联网，但可以用区块链技术来保护自己。例如，分布式分类账可以验证用户并完全阻止未经授权的用户；"去中心化"的数据库及域名系统，让黑客无法找到破坏防火墙的方法；集中式系统更容易受到攻击。

鉴于区块链的特点，目前可以从以下三个方面来增加网络安全性：

（1）保护用户网络身份。公钥基础设施（PKI）建立在公钥加密技术之上，可以保护邮件、通信软件、网络等的通信安全。可是，由于多数 PKI 的实现都依赖于第三方认证中心生成、撤销、存储密钥对，一旦第三方认证机构受到黑客攻击，就可以伪造成 CA，欺骗用户身份，破解加密后的通信信息。而通过区块链发布公钥信息，就可以减少中间人攻击的风险，还能准确验证通信好友的身份。

（2）保护数据的完整性。区块链使用分布式账本技术对文件进行签名，代替了传统的文件签名方式，使得黑客几乎无法伪造和窃取数据。基于区块链技术研制的 KSI（Keyless Signature Infrastructure，无密钥签名基础架构）系统是由数据安全公司 Guard Time 开发的，主要目标是防御网络中的 APT 攻击。该系统能将网络中的证据保存下来，即使黑客能够突破漏洞，修改系统日志文件，调整安全软件的白名单，但只要留有踪迹，就能攻克。

（3）保护关键基础设施。2016 年 10 月，美国遭遇了史上最大规模的 DDOS 网络攻击，整个东海岸网络瘫痪，Twitter 等网站集体失联，让我们认识到保护最基础的网络设施的重要性。在该次事故中，黑客只攻击了域名服务（DNS）供应商，就切断了 Twitter 等服务的登录入口。使用区块链技术存储 DNS 域名，可以提升网络安全防护水平，减少单点故障的风险，使黑客无法对整个网络进行攻击。当前 DNS 系统的致命弱点是，过于依赖缓存，更容易受到攻击，采用了区块链的 DNS 域名解析系统，变得更加透明和分布，也不可能由单一节点进行控制，更不会出现像上面介绍的美国那样的严重事故。

◇区块链项目的应用分类

区块链可细分为币圈、矿圈、链圈，区块链项目则可分为币类、平台类、应用类、资产代币化类等四大类。

1. 币类

币类项目是最早的区块链项目。币类主要充当区块链资产领域的"交换媒介"，是用来换取商品的一般等价物，功能类似黄金、白银、银票等。

币类项目主要包括比特币和莱特币等项目。此外，有些资产具有匿名的特点，主要功能除了实现支付，还可以保护支付双方的隐私。比较知名的有：达世币、门罗币、采用零知识证明的大零币。

2. 平台类

平台类项目是指建立技术平台，满足各种区块链应用开发，如直接发行数字货币、编写智能合约，降低区块链应用开发的门槛。平台类项目主要指公有链、联盟链、私有链等项目，其中公有链对所有用户开放，公有链项目备受业内关注。下面重点介绍两个被 Dapp Radar 收录的公有链项目。

（1）TT 链 Thunder Core，是将区块链应用普及至大众的学术派公有链，由全球第三大 SNS 游戏开发商创始人王正文博士创立，是快速、安全、简易、便捷的公有链，主要体现在：协议设计简约而不简单，TT 链系统更加容易部署和维护，反过来提升了 TT 链自身的稳定性；与以太坊虚拟机 EVM 兼容，只要花费 2~3 分钟，就能将 DApp 直接从以太坊迁移到 TT 链上；平均每秒能产生一个新区块，TPS 达到 1200（个 / 秒）；处理上万笔的交易只须花费 1 个 TT 币，开发者还可在官网上免费申请一定数量的 TT 币进行开发。

（2）ONT 本体，将自己定义为新一代公有基础链项目和分布式信任协作平台，是全球首个提出分布式链网体系的基础性平台，于 2018 年 6 月主网上线。本体的分布式账本框架可以支持实现不同治理模式下的区块链体系，还可以跟来自不同业务领域、不同地区的不同链等进行协作，形成跨链、跨系统的交互映射。

3. 应用类

应用类项目范围比较广泛，涵盖金融、社交、游戏、产权保护等诸多领域，是目前区块链资产增长最快的领域。

利用区块链技术，这些项目可以更好地解决信任、跨国界流通等问题。同时，利用区块链上的智能合约和代币，还能更好地实现自动执行，提高社会经济活动的效率。

比较著名的区块链应用类项目如下：

（1）Augur。它是 2015 年 6 月以太坊上发布的第一款应用，是接近事情的真实走向的市场预测平台，市值 10 亿美元。通过该平台，用户可以预测市场，并用数字货币投注。Augur 依靠群众的智慧来预判事件的发展结果。

（2）Maid Safe。它是一个去中心化的云存储平台，目标是用完全去中心化架构来取代互联网昂贵的数据中心，建立一个全球范围内任何人都可以访问的

去中心化储存平台，市值 3 亿元人民币。

（3）Golem。它是首个开源的分布式超级计算机交易平台，市值 5 亿美元，主要为 DNA 分析、密码解析、机器学习、大数据等提供服务，实现了计算能力的全球共享。

（4）Omise GO。它是 2017 年 8 月首个基于以太坊发行的公共金融技术，可用于主流数字钱包，进行点对点价值交换和支付服务，市值 17 亿美元。

（5）Ve Chain。它是是一个奢侈品溯源平台，专注于金融服务、供应链管理以及智能合约等方向，市值 15 亿美元。

目前，游戏和交易市场的应用占比最高，且大同小异。但也出现了几个实用性强、对用户友好的应用项目，比如，基于 TT 链开发的 TT 币水龙头网站，开发者和用户可以从网站上免费获取 TT 币，体验链上的应用，降低了区块链使用门槛；基于以太坊开发的"去中心化"预言机和预测市场平台 Augur，确保整个预测市场的资金安全、流程透明，杜绝了暗箱操作的可能性。

4. 资产代币化类

资产代币化，是指将区块链资产与黄金和美元等实物资产联系起来，是实物资产的区块链映射。

资产代币化具有诸多优势：

（1）区块链资产可以拆分，具备较好的流动性，资产代币化交易更方便。比如，需要整体转让的房产，进行代币化后，便可以拆分购买。

（2）在实物交易中，黄金很容易磨损，造成损失；而实物资产代币化后，并不需要进行实物转移，更利于实物资产的保管。

　　此外，资产代币化还能简化交换和交易的过程，为消费者提供更多直接购买和所有权转移的选择。例如，资产代币化会使过去流动性差的投资更具流动性：将工厂设备分割无数次，用最少的财务管理来跟踪这些微交易，就更容易分配这些设备的所有权了。

◇公有链和私有链孰优孰劣

1. 区块链技术应用

目前，已知的区块链技术应用大致有三类：

（1）联盟链。联盟链半公开，参与区块链的节点是预先指定好的，各节点之间通常有良好的网络连接等合作关系，每个区块的生成由所有预选记账人共同决定，其他节点可以交易，但是没有记账权。通常，被某个群体或者组织内部使用。

（2）私有链。私有链是完全封闭的，参与的节点仅在有限范围内，数据的访问及使用有严格的管理权限。只是采用区块链技术进行记账，记账权并不公开，只记录内部的交易，由公司或者个人独享。

（3）公有链。公有链公开透明，全世界任何个体或团体都可以在公有链上读取、发送交易，交易还能获得该区块链的有效性确认，每个人都能参与。

2. 公有链、联盟链、私有链的优劣

公有链、联盟链、私有链各有各的优势，也各有各的劣势，具体采用什么样的方案要看具体的需求。

（1）公有链。作为一种完全分布式的区块链，公有链数据公开，访问门槛很低，用户参与度极高，易于应用和推广。但是系统的运行却依赖于内在的激励机制，决策困难，技术更新也有难度，容易遭受攻击。

（2）联盟链。联盟链为部分意义上的分布式区块链，由参与节点预先指定，验证效率高，只要极少成本就能维持运行，提供了高速交易处理，降低了交易费用，有很好的扩展性，数据可以保持一定的隐私性。

（3）私有链。私有链最大的优势就是加密审计，发生错误时可以追踪错误来源，特殊情况下运行私有链的机构或公司可以修改该区块链的规则。私有链适用于特殊场景需求，如土地登记就必须使用私有链。

第三章　区块链的特征

◇区块链的"去信任"

区块链的"去信任"是指用户不需要相信任何第三方。用户使用"去信任"的系统或技术处理交易时，非常安全，异常顺畅，交易双方都可以安全地交易，不需要依赖和信任第三方。

1. 溯源平台

在区块链系统中，参与整个系统的各节点之间进行数据交换，整个系统的运作规则公开透明，所有的数据内容也是公开的，因此在系统指定的规则和时间范围内，节点之间是不能互相欺骗的。

溯源平台就是利用区块链系统的"去信任"和"去中心化"机制构建的。利用区块链技术，全流程管控产品，从生产到存储，再到流通，全过程都会由区块链记录下来，且不可篡改。产品到达消费者手中时，消费者就能通过溯源平台了解到跟产品有关的所有记录。

以某溯源平台中销售的野生蜂蜜为例。

蜂场生产出来的每罐蜂蜜都有单独对应的区块链私钥，真实记录了蜂场环境、蜂蜜生产等相关信息。之后，蜂场会将所有的蜂蜜装箱交给运输方，区块链账本也将对运输进行全程记录。

假如在运输途中，司机驾驶出现意外，摔坏了三个箱子，全局账本就会做出反应——有人篡改账本。如果司机立刻将运输途中的消息上报，全局参与方中超过半数都认可，这个消息将被记录有效，最后顺利交付。其间，所有信息也都将呈现在区块链记录里，消费者可通过每罐蜂蜜上的区块链私钥，进行查询，如果发现蜂场环境并不是绿色原生态的，就可以退货。

2. 强大的信任

当今社会高度中心化，为了证明自己的信用，我们付出了太多的代价。那么，如何才能真正建立起人与人之间的信任呢？

试想：你每天的所作所为都被大数据记录，被存储在区块链的多个节点上，无法篡改，无法修饰，任何人都可以用区块链来描绘你的数字画像，都能通过区块链的评分来确定你是否值得信任。一旦建立了这样的体系，信任一个人也将变得不再复杂。

要想修改一个基于区块链的信用记录，需要修改与此相关的每个人的手机、每个人的电脑，甚至所有的智能设备，这是一个不可想象的天文数字。例如，在微信上，每天能产生数以亿计的数据，这些数据本该完全属于每个产生者，按照互联网共享、平等、透明的精神，这种大数据产生的就是一种"全球性的信用资源"；而基于这些数据的信用体系，每个人都能成为被信用描述的人。一旦违反了信用，每个认识的人都会看到，你将无法在社会立足。

◇区块链的开放性

1. 区块链是开放的

为了比特币的良性发展，不仅需要一个"共识主动性"指向来实现自我进化的系统，还要进行充分的信息交流。但是，这种交流并不能从参与成员那里获得，因为"去中心化"伴随着对成员信任的消解，参与者相信的不是某个成员，而是成员所在的系统本身。

正是由于这个原因，比特币网络使系统本身的信息公开透明达到了最大化。但是，由于只有系统本身可信，系统内部的成员并不可信，于是就产生了其他成员匿名的需求，在设置上表现为：用户可以使用各种化名在前台完成多样化的操作，但无论使用什么化名，他们的操作都将对整个系统公开。

基于系统和成员、成员和成员之间的这种内在矛盾，就不得不在系统层面上完成信息的公开，同时在成员层面上借助各种化名实现信息的公开和安全。

由此，就决定了区块链系统是开放的。除了交易各方的私有信息被加密外，区块链数据对所有人公开，任何人都可以通过公开接口查询到区块链数据和相关应用，让整个系统的信息高度透明。

2. 区块链的开放性

所谓开放性，就是所有人都可以自由加入区块链，得到区块链上的所有信息，整个系统高度透明，只有各方的私有信息是加密的。比如，比特币网络在系统层面上信息完全公开，每个成员都可以借助各种字符实现信息公开，同时保证信息的安全。

区块链系统是开放的，除了交易各方的私有信息被加密外，区块链的数据对所有人公开，任何人都可以通过公开的接口查询区块链数据和开发相关应用，让整个系统信息高度透明。

对于互联网来说，其本身也具有开放性的特性，例如电商平台。无论你身在何方，只要想买一件商品，就可以在电商平台搜索想要购买的商品，了解商品价格、生产厂家、售后方等相关信息。有了互联网电商的存在，当地的商店就不能通过垄断商品来抬高物价了。

电商平台的存在消除了信息的不对称，但是当电商平台发展起来之后，市场上只有一两家平台的情况使信息垄断又成为可能。实力强大的商家通过广告投入，其信息就更容易被买家看到，而普通的商家则会因为平台信息的垄断形成信任不对等。区块链的开放性就可以很好地消除电商平台这种信任不对等。

在保险行业就产生了一种 P2P 的保险业务。在这个区块链保险里，保险公司仅提供一个保险市场，用户在该市场上可以自由提出自己的保险要求，其他用户可以竞标这个保单，任何人都可以发送保险需求让所有人看到，也可以看到其他人的保险需求；承保结束后，可以自由选择继续加入或退出，所有信息都是公开的，减轻了保险公司成本。

◇区块链的自治性

区块链的自治性，是指建立在区块链上的去中间层自治组织系统的运行方式和策略安排等规则。

区块链自治规则是由计算机代码实现的，由区块链协议保障其自动运行，根据既定条件自动触发实现。区块链上的自治让多参与方、多中心的系统按照公开的算法、规则形成的自动协商一致的机制来运行，确保了记录在区块链上的每一笔交易的准确性和真实性，每个人都能对自己的数据做主，实现了以客户为中心的商业重构。

家里，老婆负责记账，月底的时候账目对不上，就会向丈夫发点牢骚："你是不是又偷偷买烟抽了？"丈夫特别和蔼，特别慈祥，遇到这种情况，只会笑一笑，心中却是一肚子的委屈。

其实，只要使用区块链记账，就不会出现这样的问题了。

个人需要花钱的时候，先跟家庭成员说："我要买东西。"家庭成员拿出每个人的记账本，把这件事写下来。第一，账不会错；第二，公开透明；第三，不能篡改；第四，家人之间可以实现充分信任，进一步实现自治。

区块链就是用这种算法，高效、高性能地去做这样一件事情。

区块链采用基于协商一致的规范和协议，使得整个系统中的所有节点都能在"去信任"的环境下自由安全地交换数据，使得对"人"的信任改成了对机器的信任，任何人为的干预都发挥不了作用。

区块链的自治性，让多参与方、多中心的系统按照自动协商一致的机制来运行，记录在区块链上的每笔交易都是准确的、真实的，每个人都能对自己的数据做主，这也是实现"以客户为中心"的商业重构的重要一环。

区块链的智能合约更加接近现实，延伸到了社会生活和商业领域，能够从多个方面让机器参与更多的"判断"和"执行"；社群及自治让区块链引发无限猜想，"投票""信任""承诺""协作""判定"等原本是人类才有的意识或思维，区块链却同时具备。

区块链是一项伟大的信息技术创新。在关于信息的质量和真实性上，区块链能够为人类提供高精度调制。如今，大数据、云计算、物联网、人工智能、机器人等越来越多，且被连接到一个可以互相通信的网络；不同的程序为了实现自己的目标，就要在网络上传输数字信息、进行交易、实现思维，许多任务都能通过区块链来进行自动管理。

◇区块链的匿名性

所谓匿名性，就是个人在"去个性化"的群体中隐藏自己的个性。置换到区块链方面，指的是别人无法知道你在区块链上有多少资产，以及跟谁进行了转账，甚至还包括对隐私信息进行的匿名加密。

现在，在与区块链关系密切的加密货币市场中，匿名性呈现出基本、高级、极致等不同程度。

（1）基本。比特币的匿名性是最基本的，在区块链网络上只能查到转账记录，却无法知道地址背后的更多信息。不过，知道了地址背后对应的人，也就暴露了所有的转账记录及资产信息。

（2）高级。做到较为高级匿名性的，是达世币和门罗币。即使查到了此类产品转账地址背后的人是谁，也无法知道其他信息。

（3）极致。把匿名性做到了极致的，例如 Zcash，苛刻的资产匿名性要求只有拥有私钥的人才能查到所有的转账信息。

通过区块链，可以查询到每一笔交易的数据信息，却无法得知交易者。可见，区块链的匿名性特点，在一定程度上很好地保护了用户的隐私。比如，苏宁金融上线的区块链黑名单共享系统，就能有效实现匿名性，还能有效隐藏一些涉及敏感数据交易的金融机构的真实身份，任何人都无法知道某一个黑名单是谁上传的。

当然，区块链的匿名性，特别是在资产上的匿名性也颇具争议。因为它保护了人们的交易和隐私，甚至还保护了一些违法犯罪行为。区块链的应用尚处于初级探索阶段，要想发挥出最大作用，要想避免有人借助区块链进行恶意破坏，还需要未来的进一步检验。

◇区块链的"去中心化"

从本质上来说，区块链就是"去中心化"。为了更好地理解这句话，我们就简单介绍一下区块链与"去中心化"的关系。

1. 什么是"去中心化"

"去中心化"是随着互联网的发展，逐步形成的现象和结构。仅从人和社会的关系来比喻，"去中心化"就是每个人都是中心，每个人都能对相连接的其他人产生影响，不会受到任何组织和阶层的管理和制约，形成的社会形态是扁平的、开放的和平等的。

（1）从应用来看，以最典型的电商为例，亚马逊、淘宝、京东等都是大平台，用户和商家都要依赖它。但是，如今的电商并不需要依存于某个中心平台，完全可以多点开花，例如微商、社交电商等，平台只是一个推广的渠道，而不是立足的根本。同样，各种应用也不用依托单一的 App 形式，完全可以通过微信、支付宝获得第三方服务入口及小程序等，为用户提供服务。

（2）从内容生产来看，"去中心化"就像从 Web1.0 向 Web2.0 的转变过程。例如，从传统的杂志、报纸及网站转变为博客、论坛、社区，以及 Twitter、Facebook，再到现在内容分发平台、自媒体等，都是从专业生成内容变为用户生成内容，也就是从"中心化"到"去中心化"的转变过程。

（3）从网络结构来看，"去中心化"就是一个开源、多元化的网络结构，每个节点都相互连接和制约，不会受到某个中心节点的管制。

2. 区块链的"去中心化"

区块链之所以强调"去中心化"，就是因为它是一个特殊的分布式的数据库，其特殊就在于"去中心化"。分布式只是一种布局，重点在于任务分配和结果的汇总，而"去中心化"是一种状态，每个节点都能实现平等、自由的数据交换。这也是"去中心化"的目的所在。

"去中心化"带来的平等，赋予区块链透明、公开等特性；再加上所有的增减和修改都必须告诉其他节点，就好像"全民参与"。

不同于传统的数据存储方式，区块链并不需要统一管理。例如，银行、支付宝等金融机构进行管理和分配，不仅需要为交易付费，还可能会遇到数据被篡改的风险。区块链却是"全民参与"，每个节点都可以参与到管理和维护中，不仅能降低成本，还能提高安全性。

因此，透明、公开、平等、低成本、高安全性等关键词，就是"去中心化"赋予区块链的最大优势。

◇区块链的信息不可篡改

区块链的数据结构是由包含交易信息的区块按照从远及近的顺序有序地链接起来的，在该链条里，各区块都会指向前一个区块。

区块链被看作是一个垂直的"栈"，第一个区块是"栈"底的首区块，之后每个区块都被放置在之前的区块上。之后，就能使用一些术语表示，例如，"高度"表示区块与首区块之间的距离；"顶部"或"顶端"表示最新添加的区块。

对每个区块头进行SHA256加密，能够生成一个哈希值。通过该哈希值，就能识别出区块链中的对应区块。同时，每一个区块还能通过其区块头的"父区块哈希值"字段引用前一区块（父区块）。也就是说，每个区块头都包含着它的父区块哈希值，把每个区块链接到各自父区块的哈希值序列，就能创建一条可以追溯到首个区块的链条。

虽然每个区块只有一个父区块，但可以暂时拥有多个子区块。各子区块都将同一区块作为其父区块，并在"父区块哈希值"字段中具有相同的（父区块）哈希值，一个区块出现多个子区块，就是"区块链分叉"。但这种状况也是暂时的，只有多个区块同时被不同的矿工发现时才会发生。

虽然一个区块可能有多个子区块，但每个区块只有一个父区块，因为一个区块只有一个"父区块哈希值"字段能够指向它唯一的父区块。

区块头里面包含"父区块哈希值"字段，当前区块的哈希值也会受到该字段的影响。如果父区块的身份标识发生变化，子区块的身份标识也会跟着发生改变。

父区块有任何改动，父区块的哈希值都会发生变化，子区块的"父区块哈希值"字段也会被迫发生改变，从而导致子区块的哈希值发生改变……以此类推。一旦一个区块有很多代，该区块就不会被改变，除非重新计算该区块所有后续的区块。

可以把区块链想象成地质构造中的地质层或冰川岩芯样品。表层可能会随着季节而变化，甚至在沉积之前就被风吹走。但是越往深处，地质层就变得越稳定；到了几百英尺深的地方，就会看到保存了数百万年但依然保持历史原状的岩层。

在区块链里，最近的几个区块可能会由于区块链分叉所引发的重新计算而被修改。最新的 6 个区块就像几英寸深的表土层，超过这 6 个区块后，区块在区块链中的位置越深，被改变的可能性就越小。在 100 个区块以后，区块链已经足够稳定；在几千个区块（1 个月）后，区块链将变成确定的历史，永不改变。

第四章 区块链基础理论

◇区块链的体系结构

狭义上来说，区块链技术就是具体产品应用中的数据存储思想和方式，类似区块链在比特币中的作用。可是，随着区块链技术和不同场景的深入结合，单独说到区块链，更多指的是一种数据公开透明、可追溯、不可篡改的产品架构设计。

基于区块链的各种应用，或许会采用不同的机制，但从根本上来说，框架结构大同小异。现在，还没有形成统一的分层体系，类比 OSI（Open System Interconnection，开放式系统互联）七层协议的标准，可以将区块链系统分为六层，分别是：数据层、网络层、共识层、激励层、合约层和应用层。

1. 数据层

数据层封装了区块链的底层数据存储和加密技术，各节点存储的本地区块链副本都可以被看成三个级别的分层数据结构，即交易、区块和链。为了保证数据的完整性和真实性，每个级别都需要不同的加密功能。

（1）交易。交易是区块链的原子数据结构，通常由一组用户或类似智能合约的自主对象创建，完成代币从发送者到指定接收者的转移。为了保证交易记录的完整性，数据层主要分为哈希函数和非对称加密功能。

①哈希函数。又称为加密散列函数，能够将任意长度的二进制值输入映射到唯一固定长度的二进制值。哈希函数的计算具有不可逆性，不能根据输出恢复输入；同时，两个不同输入生成相同输出的概率可以忽略不计。

②非对称加密。非对称加密功能主要指的是在交易过程中使用的公钥和私钥，网络中的每个节点都会生成一对公钥和私钥。私钥与数字签名的功能有着密切关系，数字签名通过他人无法伪造的字符串来证明交易发送方的身份。公钥要通过数字签名的验证关，只有通过对应私钥生成的数字签名验证后才会返回。另外，网络中的节点，还会通过公钥生成的字符串，作为区块链上的永久地址。

（2）区块。区块是交易记录的任意子集的聚合，要想创建，必须参与建立网络共识过程的节点。例如，在比特币网络中，只有具有矿工节点，才有资格进行新区块的创建。为了保证交易记录的完整性，同时在共识节点的本地存储中按照指定顺序进行区块间的排序，就要将哈希指针的数据字段保存在区块的数据结构中。为了减少单个交易的存储占比，增大容量，同时防止交易记录被篡改，采用了 Meke 树的结构。

（3）链。将上一区块的哈希码存储到当前区块的哈希指针处，就能建立起链式结构。当然，区块网络的形式可以是线性链表，也可以是有向无环图。所谓链性链表就是，用一组任意地址的存储单元存放线性表中的数据元素，相

邻元素在物理上虽然不需要相邻，但也不能随机存取。而有向无环图是一种无回路的有向图，对于一个非有向无环图，从 A 点出发向 B 经 C，然后回到 A，就会形成一个环；之后，将从 C 到 A 的方向改为从 A 到 C，就会出现一个有向无环图。

2. 网络层

在"拜占庭环境"中，在确认区块链网络中的节点组织模式上，身份管理机制发挥着重要作用。在无权限限制的公开区块链网络中，节点可以自由加入网络并激活网络中的任何可用功能。如果没有任何身份鉴别方案，区块链网络被组织为覆盖 PP 网络，但是不同的应用场景会对区块链的"去中心化"和开放程度提出不同的要求，区块链也会被分为公有链、私有链和联盟链三大类。

（1）公有链。公有链"去中心化"程度最高，各种数字货币如比特币、以太坊均为公有区块链的代表。这种区块链没有把控的中心化机构或组织，任何人都能读取链上的数据，参与交易和算力竞争。

（2）私有链。私有链的门槛最高，权限完全由某个组织或机构控制，数据的读取和写入，要受到组织规则的严格限定，多适用于特定机构的内部使用。私有链的中心化程度较高，简直就是一个弱中心化或多中心化的系统；私有链的节点数量被严格控制，节点数量较少，交易时间更短，交易效率更高，算力竞争成本更低。

（3）联盟链。联盟链介于公有链和私有链之间，是一种实现了"部分去中心化"的系统。从某种意义上来说，联盟链是开放程度更高的私有链，节点的参与和维护对象是线下联盟，这些对象共同加入一个网络并维护其运行。

3. 共识层

共识层主要指的是不同区块链网络中使用的共识算法，比如，工作量证明、权益证明、拜占庭容错算法。换句话说，区块链独特的共识协议是由"拜占庭将军条件"下的网络共识节点实现的。

在区块链网络中，"拜占庭将军问题"会让故障节点可能出现任意行为，不仅会误导其他副本节点，还会产生更大的危害。简单地将区块的序列表示成区块链的状态，交易得到确认的区块状态就会发生变化。

共识协议因不同的区块链网络而存在差异。首先，公有链是完全开放的区块链网络，需要对参与共识的节点进行更严格的信息同步控制，多采用传统拜占庭容错协议提供的所需要的共识属性。其次，PBFT（Practical Byzantine Fault Tolerance，实用拜占庭容错算法）将算法的复杂度由指数级降低到多项式级，保证了活性和安全性。

4. 激励层

当网络中存在两条链时，不同的区块链可以从对等节点接收或本地自提，链间的比较和扩展过程让诚实节点只能采用候选区块链中最长链条的提议。POW 解决方案是共识协议的最主力部分，通过计算密集的方式，对新区块的挖掘方式进行了重新定义。

破解工作量证明的方式是，节点按照规范构造区块，使用哈希计算，找到满足预条件的随机值。

节点如果想赢得算力竞赛，就要尽可能地提高散列表的查询效率，需要更高的投入。但是，节点自愿参与共识过程，不可能承担经济损耗。为了网络的正常运行，比特币的共识协议中加入了激励机制：创建新区块的奖励和交易费一旦挖掘出新区块，系统就会产生相应数额的比特币，比特币也就凭着该种方式实现了"去中心化"发行。

5. 合约层和应用层

合约层是区块链技术的可编程实现的基础，通过各类脚本、算法和智能合约，完成对区块链技术的个人独特改造；应用层指的是建立在底层技术上的区块链的不同应用场景和案例实现。

一般来说，对于区块链相关应用的研究可以分为两类：一类是在现有区块链协议的框架下对共识协议的研究，另一类是在区块链共识层之上提供服务。

智能合约的概念出现在比特币之前，首次由尼克萨博在1996年提出，指的是将条款用计算机语言的形式记录的智能合同，达到预先设定的条件时，就能自动执行相应的合同条款，以太坊将智能合约和区块链结合在一起，就能为用户提供新的"去中心化"平台。

◇区块链的共识机制

共识机制是一种区块链治理体系，是结合经济学、博弈论等多学科设计出来的一套方法，可以保证区块链中各节点都能积极维护区块链系统。该机制首先由"中本聪"在《比特币白皮书》中提出，之后逐渐发展成为一种维护分布式账本多中心化的重要机制，是保持区块链安全稳定运行的核心。

按照百度百科上的说法，所谓"共识机制"，就是通过特殊节点的投票，在短时间内完成对交易的验证和确认，对同一笔交易，如果利益不相干的若干个节点能够达成共识，就可以认为全网对此也能达成共识。

1. 共识机制遵循的原则

共识机制主要遵循的哲学原则有两个："少数服从多数"和"人人平等"。通过一定规则，就能使系统中各参与者快速就系统中记录的数据达成一致。

（1）少数服从多数。不仅局限于竞争节点数量，系统中的各个节点也可通过竞争计算能力、权益凭证数量或其他可竞争参数等取得其他节点的支持。

（2）人人平等。意味着网络中记账节点的地位是平等的，所有节点都有机会优先获得提请写入数据的权利。

2. 区块链的共识机制

区块链系统中没有像银行一样的中心化机构，进行传输信息、价值转移时，共识机制能够解决并保证每一笔交易在所有记账节点上的一致性和正确性

问题。借助这种共识机制，区块链就能在不依靠中心化组织的情况下，大规模高效地完成运转。

在区块链网络中，应用场景不同，采用的共识算法也不同。目前，区块链的共识机制主要有四类：工作量证明机制、权益证明机制、委托权益证明机制和验证池共识机制。

（1）工作量证明机制（POW）。工作量证明可以简单理解为一份证明，证明你做过一定量的工作。仔细查看工作结果，就能知道你已经完成了指定量的工作。区块链共识算法使用最多的就是工作量证明，比特币和以太坊都是基于 POW 的共识机制。例如，比特币在区块的生成过程中使用的就是 POW 机制，简单理解就是大家共同争夺记账权利，谁先抢到并正确完成记账工作，谁就能得到系统的奖励，奖励为比特币，也就是所谓的"挖矿"。矿工（参与挖矿的人）通过计算机的算力去完成记账工作，拥有计算能力的专业计算机就是所谓的"矿机"。

优点：①完全"去中心化"，节点自由进出，减少了建立和维护中心化信用机构的成本。②只要网络破坏者的算力不超过全网总算力的 50%，网络的交易状态就能达成一致，历史记录也无法篡改。③投入算力越多，获得的记账权概率也就越大，越有可能产生新的区块奖励。

缺点：①目前，比特币挖矿会造成大量的算力和能源浪费。②挖矿的激励机制会造成挖矿算力的高度集中。③结算周期长，每秒最多结算 7 笔交易，不适合商业应用。

（2）权益证明机制（POS）。权益证明主要是通过持有 Token（代币）的数量和时长来决定你获得记账的概率，类似于股票的分红制度，持有股权越多，越能获得更多的分红。Token 相当于区块链系统的权益，目前很多数字资产用 POS 发行新币。

优点：①降低了 POW 机制的资源浪费。②加快了运算速度，是工作量证明的升级版。

缺点：节点拥有币龄越长，获得记账权的概率越大，会引发"马太效应"，富者越富，权益就会越来越集中，从而失去公正性。

（3）委托权益证明机制（DPOS）。所谓委托权益证明是基于 POS 衍生出的更专业的解决方案，指的是，拥有 Token 的人给固定的节点投票，选举若干代理人，由代理人负责验证和记账。为了激励更多人参与竞选，系统会生成少量代币作为奖励。

优点：DPOS 能够极大地提高区块链处理数据的能力，甚至可以实现秒到账，还能大幅降低维护区块链网络安全的费用。

缺点："去中心化"程度较弱，代理节点由人为选出，公平性相对较低，由代币的增发来维持代理节点的稳定性。

（4）验证池共识机制。目前，验证池共识机制行业链大范围在使用的共识机制。

优点：不用依赖代币，也可以实现秒级共识验证。

缺点："去中心化"程度弱，更适合多方参与的多中心商业模式。

3.共识机制的评价标准

区块链上采用不同的共识机制，会对系统整体性能产生不同影响。综合考虑各共识机制的特点，我们可以从以下四个维度来综合评价各共识机制的技术水平：

（1）扩展性。好的共识机制，能够支持网络节点扩展。扩展性是区块链设计要考虑的关键因素之一，根据对象不同，扩展性又可以分为系统成员数量的增加和待确认交易数量的增加。扩展性主要考虑的是，当系统成员数量、待确认交易数量增加时，系统负载和网络通信量的变化，通常以网络吞吐量来衡量。

（2）资源消耗。所谓资源消耗，就是在达成共识的过程中，系统所要耗费的计算资源大小，包括 CPU、内存等。区块链上的共识机制，可以借助计算资源或网络通信资源达成共识。以比特币系统为例，基于工作量证明机制的共识，需要耗费大量的计算资源进行挖矿，提供信任证明，完成共识。

（3）安全性。好的共识机制，不仅可以防止二次支付、自私挖矿等攻击，还拥有良好的容错能力。以金融交易为驱动的区块链系统，在实现一致性的过程中，最主要的安全问题就是如何防止和检测二次支付行为。自私挖矿采用适当的策略发布自己产生的区块，就能获得更高的收益。

（4）性能效率。不同于传统的第三方支持的交易平台，区块链技术是通过共识机制达成一致的。比特币系统每秒最多只能处理 7 笔交易，无法支持现有的业务量。

◇区块链的运行机制

区块链网络是一个分布式网络，网络中存在众多节点，每个节点都参与数据维护。一旦有新的数据加入，所有的节点都会对数据进行验证，节点间必须对处理结果达成一致，才能将新加入的数据成功地写入各自维护的区块链中，让网络中每个节点都拥有一套完全一致的数据记录。那么，区块链是怎么工作的呢？下面，我们就以比特币的一笔交易为例来说明区块链的工作过程。

1. 身份验证

在区块链网络中没有中心机构对节点进行认证，首要解决的问题是对节点的身份进行验证。在比特币区块链系统中，是使用一对密钥来完成验证的。

创建比特币账户时，会生成公钥和私钥，私钥用于数字签名，确认交易所有权；公钥则是私钥通过算法生成的，还是对外公开的，此过程不可逆，即无法通过公钥推算私钥。

用公钥对数据进行加密后，只有对应的私钥才能解密；用私钥加密，只有对应的公钥才能解密。在区块链系统中，就是使用唯一匹配的私钥和公钥来完成加密、解密和身份验证的，举个例子：

Alice 向 Bob 发送消息"Hello Bob"。

首先，用 Bob 提供的公钥对信息进行加密形成密文，Bob 使用自己的私钥对密文进行解密；解密后的结果如果是"Hello Bob"，则证明这个消息是正确的。

其次，还提供了签名机制，Alice可以用自己的私钥对消息进行签名，Bob则要通过Alice提供的公钥进行验签，从而证明该消息的发送者是Alice。

2. 交易确认

如果某个节点发起一笔交易，交易不会被立刻添加到区块链中，首先会对交易余额进行校验。可是，在区块结构中，并没有记录账户余额，如何才能知道交易方有足够的余额呢？在比特币交易网络中，货币的所有权是通过验证历史交易信息来核实的。

例如，Alice要给Bob发送1个BTC，Alice必须援引之前收到这个或更多的比特币的历史交易信息，即"进账"；Bob会查看那些进账，确保Alice是真正的接收者，确保进账数额为1个BTC或更多。如果一笔交易已被使用过一次，该笔交易就会被认为是已消费，且不能被再次使用。

如果Alice的账户通过了验证，则该笔交易就是合法交易，Bob会将交易信息保存在事务池（或内存池）中，广播给其他节点；其他节点接收到交易信息后，也会进行同样的校验操作。

3. 交易记录

当某一个节点获得记账权后，会将交易纳入区块，在区块上加盖时间戳，并记录到自己维护的区块链中；然后，将该区块进行全网广播，其他节点接到广播后，将区块记录到各自维护的区块链中。

上例中Alice给Bob的转账完成，交易信息被记录到区块链上，无法更改。

4. 双重支付和分叉

比如，Alice 账户有一个未消费的 BTC，Alice 将这个 BTC 同时发送给 Bob 和 Tom，就是"双重支付"或"双花"。如果两笔交易被先后验证，例如，给 Bob 的交易通过验证，那么给 Tom 的交易就会验证失败，反之亦然。如果两笔交易被同时验证，都被认为是有效交易，接入区块链时，就会暂时出现分叉情况，如图 4-1 所示。

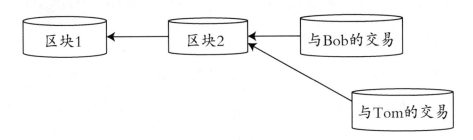

图 4-1　两笔有效交易接入区块链时出现的分叉情况

之后的区块认同哪个区块，就会在哪个区块后面延续。比特币规定，选择最长的那条链进行扩展，所以一旦有新的区块加入，就会沿着最长的链延续，较短的那条链上的区块就会被抛弃，对应的交易也将失效，失效的交易就要承担相应的损失。

◇区块链的加密技术

1. 哈希函数

哈希函数不是指某种特定的函数，而是一类函数，有多种实现方式。

（1）定义。百度百科给出的定义是："Hash，一般翻译作'散列'，也有直接音译为'哈希'的，就是把任意长度的输入，通过散列算法，变换成固定长度的输出，该输出就是散列值。"

维基百科则直接将哈希函数的词条定义到散列函数中："散列函数（Hash Function）又称散列算法、哈希函数，是一种从任何一种数据中创建小的数字'指纹'的方法。该函数将数据打乱混合，重新创建一个叫作散列值的指纹。散列值通常由一个较短的随机字母和数字组成的字符串来代表。"

百度百科与维基百科都提到了一个概念：哈希函数（散列函数）能够将任意长度的输入值转变成固定长度的输出值，该值称为散列值，输出值通常为字母与数字的组合。

（2）性质。所有的散列函数都有这样一个基本特性：如果两个散列值是不相同的（根据同一函数），那么这两个散列值的原始输入也是不相同的。该特性是散列函数具有确定性的结果。但是，散列函数的输入和输出不是一一对应的，如果两个散列值相同，两个输入值很可能也是相同的，但不能肯定二者一定相同。输入一些数据，计算出散列值，然后部分改变输入值，一个具有强混淆特性的散列函数就会产生完全不同的散列值。

典型的散列函数都有无限定义域，比如，任意长度的字节字符串和有限的值域；固定长度的比特串。在某些情况下，散列函数可以设计成具有相同大小的定义域和值域间的一一对应。

（3）常用的 Hash 函数包括如下几种：

①数字分析法。对一组数据进行分析，比如，一组员工的出生年月日，如果出生年月日的前几位数字大体相同，出现冲突的概率就会很大；如果年月日的后几位表示月份和具体日期的数字差别很大，用后面的数字来构成散列地址，冲突的概率就会明显降低。因此，所谓数字分析法就是找出数字规律，尽可能地利用这些数据来构造冲突概率较低的散列地址。

②直接寻址法。取关键字或关键字的某个线性函数值为散列地址，即 H(key)=key 或 H(key)=a·key+b，其中 a 和 b 为常数。这种散列函数，叫自身函数。

③折叠法。首先，将关键字分割成位数相同的几部分，最后一部分位数可以不同；然后，取几部分的叠加和 (去除进位) 作为散列地址。

④随机数法。选择一个随机函数，取关键字作为随机函数的种子，生成随机值，作为散列地址。通常，用于关键字长度不同的场合。

⑤平方取中法。简而言之，就是取关键字平方后的中间几位作为散列地址。

2. 非对称加密

（1）该法是一种密钥的保密方法。非对称加密算法需要两个密钥：公钥和私钥。公钥与私钥是一对，如果用公钥对数据进行加密，只有用对应的私钥

才能解密。因为加密和解密使用的是两个不同的密钥，所以这种算法叫作非对称加密算法。

非对称加密算法实现机密信息交换的基本过程是：甲方生成一对密钥并将公钥公开，向甲方发送信息的其他角色（乙方）使用该密钥（甲方的公钥）对机密信息进行加密，再发送给甲方；甲方用自己私钥对加密后的信息进行解密。甲方想要回复乙方时，过程正好相反。

非对称加密，算法强度复杂，安全性依赖于算法与密钥。可是，由于算法复杂，使得加密、解密速度比对称加密、解密速度慢一些。

与对称加密算法相比，非对称加密的安全性更好，对称加密的通信双方使用相同的密钥，如果一方的密钥遭泄露，那么整个通信就会被破解。而非对称加密使用一对密钥，一个用来加密，一个用来解密，且公钥是公开的，密钥是自己保存的，不需要像对称加密那样在通信之前要先同步密钥。

（2）非对称加密工作原理。下面是非对称加密的工作原理：

①在传输过程中，即使攻击者截获了传输密文，并得到了乙方的公钥，也无法破解密文，因为只有乙方的私钥才能解密密文。同样，如果乙方要回复加密信息给甲方，就需要甲方先给乙方公布甲方的公钥用于加密，甲方自己保存自己的私钥用于解密。

②乙方用自己保存的另一把专用密钥（私钥）对加密后的信息进行解密。乙方只能用其专用密钥（私钥）解密由对应的公钥加密后的信息。

③甲方得到该公钥，使用该密钥对机密信息进行加密，再发送给乙方。

④乙方生成一对密钥（公钥和私钥），将公钥向其他方公开。

（3）非对称加密方法。公钥私钥的使用原则如下：

①用其中一个密钥能解密数据，则该数据必然是对应的那个密钥进行的加密。

②在密钥对中，能让大家都知道的是公钥；不告诉大家、只有自己知道的，是私钥。

③用一个密钥加密数据，只有对应的密钥才可以解密。

④每一个公钥对应一个私钥。

第五章　比特币和以太坊

◇比特币

关于比特币

1. 比特币是什么

（1）比特币出现的背景。2007 年，"中本聪"提出："我相信存在一种不依赖信用的货币，我无法阻止自己去思考它。"

2008 年 11 月 1 日，一封不起眼的帖子出现在论坛的"密码学邮件组"里，帖子中直言："我正在开发一种新的电子货币系统，采用完全点对点的形式，而且无须授信第三方的介入。"帖子署名是"中本聪"。

2009 年 1 月 3 日，"中本聪"把自己的思考落地，在赫尔辛基的一个服务器上创建、编译、打包了第一份开源代码；当日 18 时 15 分，创建了比特币世界的第一个区块（Block），这一天被称为"创世日"，而该区块也被称为"创世块"。

（2）比特币解决了何种痛点？为什么要创建这么一个比特币呢？"中本聪"指出：我们非常需要这样一种电子支付系统，它基于密码学原理而不是基于信用。换句话说，比特币能够让交易不再需要中间机构，直接用密码学就能实现人和人之间流畅的交易。

也就是说，比特币其实是一个电子支付系统，是一个基于密码学原理而不是基于信用的数据库，不需要第三方中介。怎么实现的呢？就是通过多个电脑（节点）分布式存储所有的交易信息，形成一个去中心化的、完全公开透明的、不可篡改的账本。

2. 比特币的工作原理

比特币是怎么实现去中心化、公开透明、不可篡改呢？我们看看它的工作原理：

（1）比特币记账与挖矿。传统的交易，除了线下可以直接一手交钱、一手交货，不需要第三方，而远距离不见面的交易则必须要一个中介机构。比如，在淘宝上买东西，就是把钱先交到支付宝平台，经过双方都确认后，支付宝再把钱打给另一方。转账也是这样。把钱打给一个金融机构，该机构把这笔钱打给需要交易的人，金融机构就是第三方。

比特币是怎样运行的呢？可以把比特币理解成一个软件，它在计算机上运行，核心功能就是维护一个账本。该账本与现实中账本的不同之处在于，所

有的账本都是一样的。所有的交易都记在一个账本上，不会有人提出异议。

但是，谁来负责记账呢？"中本聪"使用了一个天才的方法把这个问题解决了，这个方法就是"挖矿"。挖矿的矿机就是一台能进行高速计算的电脑，每台装有相关软件的电脑都可以通过竞争的方法来记账；记账的过程就是把一批交易进行打包，形成一个区块，这些区块一个个首尾相接，就形成了区块链。

为了奖励这些为交易打包的行为，比特币会对记账的矿工进行奖励。另外，该区块里所有的交易手续费都归这个区块所有。记完账后，迅速地把这个消息通告到全网，还没完成记账的电脑，要放弃当前的记账工作，转而进入下一次竞争。也正是因为这个原因，很多人都说挖矿就是在消耗电能。其实，消耗电能是达成交易共识必须付出的代价，不消耗这些电能，就需要一个庞大的金融组织来运作，消耗会更大。

（2）这么多矿机，谁来负责记账呢？这就涉及一个概念——PoW（Proof of Work），也就是工作量证明。

矿工所做的工作其实就是为了产生一个随机的哈希值，这个值是 Nounce，也就是随机数。该数的生成是一道算术题，只有将这个问题解出来，才能生成这个数字并添加进区块里，获得该区块的奖励和所有的交易手续费。

因为有奖励，想挖矿的电脑越多，算力就越大，所以挖矿的难度一直在增加。刚开始难度非常低，只要使用电脑CPU，就可以挖矿，获得奖励。后来有人发现，用显卡挖矿的效率比CPU高几百倍。比特币就采用这种方法，保证了人与人之间构建起安全的交易，不需要第三方也能建立起信任。

（3）记账有什么好处？可以把比特币网络看成一个大的账本，大约每10分钟出一页账单，账单上记录着这段时间网络的来往交易，一页账单叫一个"区块"，把所有的区块链接起来，就叫作"区块链"。那么，这个区块由谁来记录呢？矿工。

比特币网络中，哪个矿工拥有的算力最大，他就拥有该区块的记账权。矿工为什么要来帮比特币记账呢？因为矿工每记一个区块，就会获得该区块上的比特币奖励和手续费。由此，比特币把记账和币的发行联系起来，人人都有记账权，这就叫作"去中心化"。

比特币是在2009年出现的，当时矿工只要挖出一个区块，就能得到50个比特币的奖励，到2012年减半了一次，2016年再次减半，现在挖出一个区块的比特币奖励是12.5个。这也是比特币的供给增加机制，流通中新增的比特币都是这样诞生的。

每4年奖励减半，到2140年，矿工将得不到任何奖励，比特币的数量也将停止增加。这时，矿工的收益就完全依靠交易手续费了。所谓交易手续费就是矿工可以从每笔交易中抽成，具体的金额由支付方自愿决定。

目前，由于交易数量猛增，手续费已经水涨船高，一个区块2000多笔交易的手续费总额可以达到3~10个比特币。手续费太低，很可能过了一个星期，交易还没确认。一个区块奖励12.5个比特币，再加上手续费，收益就相当可观了。

3. 比特币的创新与特性

（1）全球性。向地球另一端转账比特币，就像发送电子邮件一样简单，成本低，无任何限制。比特币也因此被用于跨境贸易、支付、汇款等领域。

（2）不可篡改。比特币的区块链账本具有不可篡改的特性，不会为了弄虚作假而对账本进行恶意修改。这套系统中有相应的机制来保证。

（3）去中心化。即非中心化，是比特币的一个重要特性。经过改革，由矿工组织记账就是"去中心化"的做法。

（4）匿名性。比特币之间的转账是匿名的，账户根本看不出属于哪个人，除非那个人曾公布过自己的比特币账户。

4. 比特币的核心价值

比特币的核心价值是什么？

政治经济学是这样定义货币的："货币的本质是一般等价物。"同时，还有一句话，金银天然是货币。为什么金银天然是货币呢？因为金银是稀缺的，人们愿意拿来作为等价物。

回到区块链的世界。比特币是第一个成功的区块链运用，核心价值就是共识。从技术进步角度来说，现在所谓的"第三代或第 N 代加密货币"，技术上应该远超比特币，为什么它们的价值还无法跟比特币相比？除了比特币首创的特性，还有以下几个原因：

（1）比特币足够简洁，除了货币属性，没有其他任何属性。

（2）比特币是创世货币，没有任何的 ICO（首次币发行），拥有它的受众是足够分散的。

5. 团队介绍，比特币的前世今生

其实，我们提到的"中本聪"，只是众多技术的一个集大成者。他虽然在 2007 年提出了"数字货币"的概念，但是早在 20 世纪 30 年代，加密货币的最初设想就已经出现了。

1982 年，大卫·乔姆提出了"不可追踪的密码学网络支付系统"。

1991 年，Stuart haber 和 Scott stornetta 发表论文 *How To TimeStamp A Digital Document*，提出"用时间戳确保数字文件安全的协议"，这也是区块链链条的雏形。同年，基于 RSA 公钥加密体系，菲尔·齐默尔开发了一个邮件加密系统 PGP，能够保证邮件内容不被篡改。

1997 年，亚当·拜克发明了一种哈希现金算法机制，而在的《比特币白皮书》中，哈希算法就被"中本聪"用来解决了零信任基础的共识问题。

1998 年，戴维提出了匿名的、分布式的电子加密货币系统 B-money。在比特币的官网上，B-money 被认为是比特币的精神先导。

比特币的诞生其实是 20 多年密码和数字技术的积累和不断演进的结果。

创建比特币账户

对于比特币的交易用户，客户端会自动为他们生成钱包，类似于在银行开户，用户也需要一个账户密码来保护自己的数字资产。如此，专属密钥也就成了使用钱包中比特币的必要条件。而用户的密钥不同于银行卡密码，短小精

悍，方便记忆。密钥对是经过特殊处理的长串随机数列，很难记忆，为了保证其安全性和隐匿性，通常会将密钥存储在数字钱包中。

1. 密钥对

比特币是一种数字资产，并不存在实体，网络通过密钥、比特币地址和数字签名等来确认比特币的所有权；用户通过客户端或钱包，自动生成密钥文件，存储在本地，密钥为自己独有，不用进行区块链的网络连接。数字签名证明了交易的有效性，交易只有携带有效的数字签名，才能让存储在区块链中的密钥对成为比特币地址和数字签名的基础。

比特币钱包可以包含一系列密钥对，一个密钥对包含私钥和公钥。其中，私钥是系统生成的随机数，可以用来产生支付时的数字名；公钥是私钥使用椭圆曲线算法产生的，主要用于接收比特币。公钥是公开的，不会对用户钱包的安全性造成影响。用户必须对私钥进行保密储存，还要对私钥文件进行多重备份。私钥一旦丢失，就很难复原，所有的比特币也会跟着一起消失。

2. 比特币地址

人们可以根据 E-mail 地址互相发送邮件，通过对应的密码，读取邮件内容。比特币网络中的交易是根据比特币地址发送比特币，拥有某个比特币地址的私钥，就能获得该比特币地址中的比特币。

比特币地址是由数字和字母组成的字符串，公钥通过一系列哈希算法和编码算法生成比特币地址，可以简单地将比特币地址理解为公钥的摘要表示。

公钥产生地址，主要利用了单向哈希算法，不具备可逆性，地址不能反推出公址，钱包则能针对不同的交易产生不同的地址，从而保证账户的安全性。为了提高地址的可读性和鲁棒性（即健壮性和强壮性），公钥哈希还会经过 Base58Chek 编码生成最终的比特币地址。

3. 数字钱包

私钥是随机产生的毫无规律的随机数，仅凭用户大脑记忆，很容易产生私钥错误或遗忘，因此在具体使用过程中，钱包不仅能生成密钥对和地址，还能帮助用户存储他们钱包中可以存储的多个私钥。但是，钱包客户端可能也会出现数据丢失或其他遗失私钥的可能，因此，如何安全方便地生成、保存和备份是判断钱包性能好坏的关键。

为了完善这些因素，数字钱包共经历了 3 个阶段：非确定性（随机）钱包、确定性（种子）钱包和分层确定性钱包。私钥之间没有任何联系，只要出现新的私钥，用户就能重新将所有私钥文件再备份一遍，每次备份后都要再次导入，工作重复且烦琐，无法获得良好的用户体验。

为了方便用户操作，解决经常性备份的问题，出现了确定性（种子）钱包。在种子钱包中，所有私钥都是通过公钥的种子文件生成的，种子能够回收所有已经产生的私钥，用户只要备份种子，就能完成对所有私钥的备份。如果想更换钱包，只要将种子文件导入即可。

对比确定性钱包，二者的共同之处就在于：二者的所有私钥都是通过一

个公共种子文件生成的，但父密钥可以衍生一系列子密钥（例如，私钥 1、私钥 2、私钥 3……），各子密钥又可以衍生出一系列孙密钥（例如，私钥 2-1、私钥 2-2、私钥 2-3……），以此类推。

比如，在企业环境中，不同职能部门可以被分配使用不同分支的密钥，也可以用一个特定的分支子密钥来接收交易收入，用另一个分支的子密钥来支付花费。另外，在不安全的环境下进行交易，分层确定性钱包保证了在不同的交易中能够发行不同的公钥，而不需要访问对应的私钥，保证了账户的安全。

4. 比特币的账户安全

从本质上来说，比特币就是区块链上的一串字符，记录了比特币诞生以来的所有交易。

区块链属于分散结构，用户只能通过公开地址知道密钥。从一定意义上来说，只要掌握了密钥，就能在地址中拥有相应的比特币资产。

区块链的防篡改功能，是指比特币交易记录不能被篡改。正是因为区块链不能被篡改，密钥一旦丢失，仅修改区块链记录是无法取回比特币的。在比特币被盗的背后，一些交易平台也发生了被盗的情况，但是恶意交易平台毕竟是少数，更多的盗窃案源于黑客行为，因此交易平台需要加强系统安全防护。

▤ 比特币的扩容方案

比特币刚出现的时候，"中本聪"并没有特意限制区块的大小，在自身数据结构的控制下，它们最大可以达到 32MB。当时，平均被打包的区块大小为 1K~2KB。有人认为，区块链上限过高容易造成计算资源的浪费，还容易发生 DDOS 攻击。因此，为了保证比特币系统的安全和稳定，"中本聪"决定临时将区块大小限制在 1MB。

如果每笔交易占 250B，平均每 10 分钟产生 1 个区块，比特币网络理论上每秒最多可以处理 7 笔交易。那时，比特币的用户数量少，交易量也很小，该交易速度并不会造成区块链网络的拥堵。直到 2013 年后半年，比特币价格才直线飙升，用户体量越来越大，比特币网络拥堵、交易费用上升等问题才逐渐涌现。

现在，比特币区块链上最高时有上万笔交易积压，平均交易费用较 2010 年 9 月上涨了 300 多倍，每秒只能处理 7 笔交易，无法满足用户需求，扩容问题也就成了比特币社区议论的热点。

1. 什么是扩容

各区块的大小约有 1MB，可容纳的交易信息最多只有 1000 多条。如果比特币的网络转账次数很多，很多交易就无法在第一个发生的区块被打包和确认，如此就需要再等几个区块或更长的时间。如今，比特币网络的正常转账量已经远超自身承受力，而要想扩大比特币区块的容量，突破现有 1MB 大小的

限制，就要扩容。

比特币网络是"去中心化"的，所有事情的进行都要依赖社区的协商。对于扩容，各团队的理念都不同，推进效率也比较低。比如，2015年年底，比特币矿开发团队和矿工召开了圆桌会议，彼此达成共识，但很快流产；2017年，纽约比特币社区再一次通过协商达成共识，从2017年上半年开始，比特币系统正式实现升级和部署。

2. 为何需要扩容

2009年比特币刚出现在人们视野的时候，"中本聪"并没有对区块的大小进行限制，借助自身的数据结构，最大可以达到32MB。可是，区块链上限太高，不仅会浪费掉大量的计算资源，还容易受到DDOS攻击（Distributed Denial of Service Attack"的简称，即分布式拒绝服务攻击）。因此，为了保证比特币系统的安全性和稳定性，"中本聪"便临时将区块大小限制在1MB。也就是说，如果每笔交易占250B，平均每10分钟就会产生1个区块。当时，比特币的用户数不多，交易量也很小，按照这种交易速度，区块链网络很顺畅，不会造成拥堵。

2013年下半年，比特币价格直线上升，用户体量逐渐加大，比特币网络开始出现拥堵，交易费用也迅速提高。发展到今天，最高时会出现数万笔交易的积压，平均交易费用比2010年上涨了300多倍，每秒只能处理7笔交易，用户需求无法得到满足，扩容也就成了比特币亟待解决的问题。

3. 扩容的主要分类

概括起来，扩容可以分为如下几类：

类　别	说　明
将可靠性扩展到其他链	比特币异常可靠，能对其他区块链形成保护，或延伸比特币的区块空间。比如，Namecoin（即域名币）的合并挖矿币、Veriblock（世界上第一个区块链）的证明方法、侧链Rootstock（即根链）等。这些潜在扩展途径将比特币的结算可靠性扩展到无限的区块空间中，只不过目前依然处于探索阶段，有可能会损害到这种可靠性
最小信任的机构	比特币天然可审计、数字现金稀缺，还能运用到存管机构中，为这种扩容方案的实施提供了前提。不同于个人比特币用户，交易所、银行和托管方等才是最终的用户。在比特币中，有些特性不适用于存管，但只要签署了实施偿付能力证明等协议，即使要经由中间机构审查，比特币依然可以发挥出部分安全作用
延期结算或对账	借助这种模型，用户能具备创建关系的能力，并在以后结算；主链的可靠性更强，但不能用来保障交易的进行。延期结算或对账，让可靠性得到了暂时弱化，例如，最终结算不再是即时结算，要想收到付款，必须保持在线
数据库模型	仅增加账本大小，会对区块链的可靠性造成影响，只有部分人群能够维护账本。从理论上来说，采用数据库模型，通过SPV和欺诈证据，就能以最小的信任实现这一点

4.扩容方案

为了解决比特币的网络拥堵问题，可以采用以下三种扩容方案：

（1）隔离见证。把交易记录和签名信息隔离开来，通过隔离见证，可实现技术性扩容，但要想真正实现，需要花费很大的人力和物力。在设计新规则时进行一定的妥协，不仅能提高区块空间的应用率，还能在区块链中接收并存储实际见证的数据。

（2）区块扩容。这种方案直接导致的结果就是社区被分裂，区块内存被扩大，增加了打包的交易数量和总手续费；缺点是，降低了传播效率，提高了全网的孤块率和空块率。

（3）闪电网络。如果所有参与方都在线、大额交易的成功率较低、比特币的"去中心化"特性被削弱，就能采取这种扩容方案。这种方案，支付速度可以用毫秒来计算，交易费用较低，适合小额交易。

≡ 区块链和比特币的关系

从本质上来说，区块链就是一种分布式账本，其最大特点是"去中心化"，可以解决信任问题。区块链的"去中心化"特性，依赖于用多人协作的方式记录信息，做到"全网认证"，确保信息透明公正、无法轻易被篡改。因此，区块链可以被成功地运用于证据存证、信息共享、高效协作等领域，具体包括版权保护、产品溯源、投票、政务等。比如，IVoter 便是一款"区块链＋

投票"的工具，由明星公链平台 TT 链提供技术支持，实现了投票数据可公开验证且无法被篡改。

比特币是一种点对点（P2P）虚拟的加密数字货币，不是由特定的货币机构发行的，而是由特定的算法经过大量的计算生成的。这种加密数字货币数量众多，TT 链的 TT 币就是其中一种。比特币转账或交易跟网银类似，只需要钱包地址（网银账号）和私钥（网银密码）即可进行。

区块链技术应用领域非常广泛，比特币是区块链第一个，也是最成功的应用。如果说区块链技术是水，比特币就是水里的一种鱼；如果区块链是森林，比特币就是森林里的一棵树。因此，比特币不是区块链，区块链也不是比特币或其他数字货币。正确区分这两者，有利于正确认识区块链技术的商业应用，谨慎看待币圈数字货币投资。

◇以太坊

以太坊的诞生

1. 以太坊简史

以太坊的发展大致可以分为三个阶段：诞生、迅速崛起与更新迭代，目前处于第三个阶段。

在此期间，以太坊相继经历了开发者大会、分叉、创始人分道扬镳等标志性事件。

（1）诞生。以太坊是一个全新的区块链平台，允许任何人在平台上建立和使用通过区块链技术运行的"去中心化"应用，且不局限于数字货币交易。该开放源代码项目与比特币协议的不同之处在于，设计灵活，极具适应性。

2013 年年底，以太坊发明人 Vitalik Buterin 发布了以太坊初版白皮书，将认可以太坊理念的人召集在一起，启动了项目，其中就有项目联合创始人 Gavin Wood 和 Jeffrey Wilcke。

2014 年 2 月，以太坊社区、代码数量、wiki 内容、商业基础结构和法律策略等逐渐完善。Gavin Wood 和 Jeffrey Wilcke 开始全职专注以太坊开发等工作。4 月，Gavin Wood 发表以太坊虚拟机技术说明黄皮书。根据该说明，以太坊客户端支持 7 种编程语言，包括 C++、Go、Python、Java、JavaScript、Haskell、Rust 等，软件性能更优越。

同年 7 月，以太坊开放了为期 42 天的以太币预售，共募集到 31531 个比特币，根据当时的币价，折合 1843 万美元，是当时排名第二大的众筹项目。在比特币区块链浏览器里，可以清楚地看到每笔转入和转出，最终售出的以太币的数量是 60102216 个。

之后，以太坊开发逐渐走上正轨。

（2）迅速崛起。2015 年 5 月，团队发布了最后一个测试网络（POC9，此前已经有 8 个测试版本），代号为 Olympic。经过两个月的测试，7 月发布了正式的以太坊网络，以太坊区块链正式上线运行；7 月底，以太币开始在多家交易所交易。

2. 以太坊大事记

（1）以太坊的迭代计划。所谓以太坊的硬分叉就是，改变以太坊底层协议，创建新的规则，对历史数据进行回滚，提高系统性能。

以太坊的发布主要分成四个阶段：Frontier（前沿）、Homestead（家园）、Metropolis（大都会）和 Serenity（宁静）。前三个阶段以太坊共识算法，采用的是工作量证明机制（POW）；在第四阶段，计划切换至权益证明机制 (POS)。

以太坊的前沿阶段始于 2015 年 7 月 30 日，该阶段用途是：将挖矿和交易所交易运行起来，建立一个让人们可以在里面测试分布式应用（DApps）的应用。

2016 年 3 月 14 日，以太坊发布家园，与前沿相比，家园没有明显的技术

性变革，但却提供了图形界面的钱包，易用性得到改善，即使是普通用户，也能方便地体验和使用以太坊。

2017年10月16日，以太坊对第437万个区块高度进行第三阶段升级，大都会包括拜占庭和君士坦丁堡两个硬分叉，后者在2018年进行。

（2）开发者大会。开发者大会是以太坊聚集全球以太坊爱好者对项目进行"头脑风暴"的创意碰撞的方式之一，影响力逐渐扩大。

2014年11月，以太坊在柏林举办了第一次小型开发者会议（DEVCON 0）。

2015年11月，以太坊在伦敦举行了为期5天的开发者大会（DEVCON 1），吸引了全世界300多名开发者参加。

2016年9月，近1000名与会者齐聚上海，围绕以太坊工具及开发、以太坊安全及应用和以太坊生态及展望进行探讨。

2017年11月，以太坊开发者大会（DEVCON 3）在墨西哥的坎昆召开，历时4天。会上，Vitalik Buterin提出了Casper、Sharding和一些协议更新的议题，正式将分叉拉入人们的视野。

（3）以太坊分叉。2014年7月，以太币预售成功，以太坊的开发在非营利组织ETH DEV的管理下走向正式化，Vitalik Buterin、Gavin Wood和Jeffrey Wilcke作为社区3位主管，依据Ethereum Suisse的合约开始管理以太坊开发事务。

2016年6月，以太坊上的"去中心化"自治组织The DAO被黑客攻击，市值5000万美元的以太币被转移。7月20日，以太坊进行硬分叉，所有的以太币（包括被移动的）回归原处，不接受此改变的区块链变成了以太坊经典。

之后，以太坊和以太坊经典又各自进行了数次分叉。

2019 年 10 月，以太坊进行第三阶段——升级大都会，这一阶段又包括了拜占庭和君士坦丁堡。

整体来说，以太坊目前已经占据区块链应用底层的半壁江山，其中既有优于比特币的特性、以太坊抢占竞争高地带来的红利，也有包括摩根大通、微软等大型企业组成的以太坊企业联盟带来的正面效果。

≡ 以太坊是什么

1. 以太坊概述

以太坊是一个有智能合约功能的公共区块链平台，任何人都可以在该平台上建立通过区块链技术运行的"去中心化"应用，解决了扩展性不足的问题，灵巧简便，极具适应性。

比特币开创了"去中心化"密码货币的先河，验证了区块链技术的可行性和安全性。其实，比特币的区块链就是一套分布式的数据库，加进比特币，并规定一套协议使得该符号能够在数据库上安全地转移，无须信任第三方，就能完美地构造出一个货币传输体系——比特币网络。

当然，比特币并不完美，协议的扩展性就是一大不足。例如，比特币网络里只有一种符号——比特币，用户无法自定义其他符号，而这些符号却能代表公司的股票、债务凭证等，如此也就损失了部分功能。另外，比特币协议里

使用了一套基于堆栈的脚本语言，该语言虽然具有一定的灵活性，能实现重签名的功能，但却无法构建更高级的应用，例如"去中心化"交易所等。而以太坊的设计则很好地解决了比特币扩展性不足这一问题。

2. 以太坊虚拟机

以太坊是可编程的区块链，不用为用户提前设定好一系列操作（例如比特币交易），允许用户按照自己的意愿创建复杂操作。如此，就能作为多种类型"去中心化"区块链应用的平台，包括加密货币在内，但并不仅限于此。

从狭义上来说，以太坊是一系列定义"去中心化"应用平台的协议，核心是以太坊虚拟机（EVM），可以执行任意复杂算法的编码。在计算机科学术语中，以太坊是"图灵完备的"，开发者能够使用现有的JavaScript和Python等语言为模型的其他编程语言，创建出在以太坊模拟机上运行的应用。

以太坊也有一个点对点网络协议。以太坊区块链数据库的维护和更新，源于众多连接到网络的节点。每个网络节点都运行着以太坊模拟机并执行相同的指令，人们也会形象地称以太坊为"世界电脑"。当然，贯穿整个以太坊网络的大规模并行运算并不能使运算更高效，只能让以太坊上的运算更慢、更昂贵。

可是，整个以太坊节点都运行着以太坊虚拟机，目的也只是保持整个区块链的一致性。"去中心化"的一致让以太坊出现了极高的故障容错性，不仅能保证零停机，还能使存储在区块链上的数据保持永远不变且扛审查。

其实，以太坊平台本身既没有特点，也没有价值性，其用途由企业家和开发者决定。不过很明显，某些应用类型较之其他更能从以太坊的功能中获益，例如，协调点对点市场的应用、复杂财务合同的自动化。

从理论上来说，所有复杂的金融活动或交易都能在以太坊上用编码自动可靠地进行。除金融类应用外，所有对信任、安全和持久性等提出较高要求的应用场景，比如，资产注册、投票、管理和物联网等，都会受到以太坊平台的较大影响。

3. 以太坊工作

以太坊，不仅将很多比特币用户熟悉的特征和技术合并到了一起，还对自己进行了修正和创新。比特币区块链纯粹是一个关于交易的列表，而以太坊的基础单元是账户，以太坊区块链跟踪每个账户的状态，且区块链上的状态转换都是账户之间价值和信息的转移。

账户分为两类：一类是外有账户，由私人密码控制；另一类是合同账户，由它们的合同编码控制，只能由外有账户"激活"。对于多数用户来说，两者的基本区别在于：外有账户是由用户掌控的，因为他们能够控制私钥，进而控制外有账户；而合同账户则是由内部编码管控的。

所谓"智能合约"，就是合同账户中的编码，即交易被发送给该账户时所运行的程序。只要在区块链中部署编码，用户就能创建新的合约。只有外有账户发出指令时，合同账户才会执行相应的操作。所以，合约账户不可能自发地执行任意数据生成等操作，只有受外有账户提示时，才会做这些事。

跟比特币类似，以太坊用户必须向网络支付少量交易费用，使以太坊区块链免受无关紧要或恶意运算任务的干扰，比如，分布式拒绝服务攻击或无限

循环。交易的发送者必须在激活的"程序"的每一步付款，包括运算和记忆储存；费用则通过以太坊自有的有价代币（即以太币）的形式支付。

4. 以太坊的功能应用

以太坊是一个平台，提供各种模块供用户搭建应用，如果将搭建应用比作造房子，那么以太坊就为他们提供了墙面、屋顶、地板等模块，用户只需像搭积木一样把房子搭起来即可。如此，就能改善在以太坊上建立应用的成本和速度。具体来说，以太坊通过一套图灵完备的脚本语言（EVM 语言）来建立应用，类似于汇编语言。

直接用汇编语言编程非常痛苦，但以太坊里的编程并不用直接使用 EVM 语言，而是类似 C 语言、Python、Lisp 等高级语言，再通过编译器转换成 EVM 语言。其实，这些平台上的应用就是合约，是以太坊的核心。合约是一个活在以太坊系统里的"自动代理人"，有一个自己的以太币地址，只要用户向合约地址发送一笔交易，该合约就能被激活；根据交易中的额外信息，合约就会让自身代码运行起来，最后返回一个结果。

≡ 以太坊存在的风险和问题

以太坊是一个开源的、有智能合约功能的公共区块链平台，区块链上的所有用户都可以看到基于区块链的智能合约，但是，这会让包括安全漏洞在内的所有漏洞都清晰可见。如果智能合约开发者疏忽或测试不充分，造成智能合约代码出现漏洞，就容易受到黑客的利用并攻击。因此，一定要关注以太坊存在的风险和漏洞。

以太坊主要漏洞情况描述如下：

（1）Parity 多重签名钱包合约漏洞。越权的函数调用，让多重签名的智能合约无法使用。黑客间接调用了初始化钱包软件的库函数，自己成为多个Parity 钱包的新主人。比如，黑客调用了一个叫作 initWallet 的函数，没有对initMultiowned 进行检查，使该合约的所有者被改为攻击者，相当于从 Unix 中获得了 root 权限。

（2）交易顺序依赖性。要想将一笔交易传播出去被矿工认同并且包含在一个区块内，需要花费一定的时间，如果攻击者监听到网络中对应合约的交易后发出自己的交易，改变当前的合约状态，那么就可能将两笔交易包含在同一个区块内，并在另一笔交易发起前完成攻击。该攻击者甚至还能直接参与挖矿，并提出更高的报价，激励矿工包含这笔交易。

（3）The Dao 漏洞。运行在以太坊公有链上的 The Dao 智能合约遭遇攻击，该合约筹集的公众款项不断地被一个函数的递归调用转向它的子合约，涉及300 多万以太币。代码中通过 addr.call.value 的方式发送以太币，而不是 send，黑客只要制造出一个 fallback 函数，在该函数里再次调用 splitDAO 即可。

（4）时间戳依赖性。有些智能合约会使用区块的时间戳，作为某些操作的触发条件。通常，使用的都是矿工的本地时间作为时间戳，该时间大约能有900 秒的范围波动，一旦其他节点接受一个新区块，只要验证时间戳是否晚于之前的区块并与本地时间误差在 900 秒以内即可。

（5）太阳风暴。Solidity，是以太坊用于开发智能合约的类 java-script 语言，

存在一个安全漏洞：当以太坊合约进行相互调用时，自身的程序控制和状态功能会丢失。原因在于，它能切断以太坊智能合约间的沟通，会对整个以太坊造成影响。

（6）调用深度限制。在以太坊虚拟机 EVM 中有个智能合约，可以通过 message call 调用其他智能合约；被调用的智能合约，可以继续通过 message call 再调用其他合约，甚至再调用回来。黑客可以利用嵌套的调用深度被限定为 1024 来发动攻击。

（7）日食攻击。日食攻击是其他节点实施的网络层面攻击，其攻击手段是囤积和霸占受害者的点对点连接时隙（slot），将该节点保留在一个隔离的网络中。这种攻击，旨在阻止最新的区块链信息进入日食节点，隔离节点。

（8）可重入性。当一个合约调用另一个合约时，当前执行进程就会停下来等待调用结束，继而出现一个能够被利用的中间状态。黑客可以利用这个中间状态，在一个合约还没有调用完成时发起另一个调用交易，完成攻击。

（9）贪婪合约漏洞。永远停留在以太坊的智能合约，会把智能合约涉及的商品以及加密货币锁定在以太坊中，使交易双方既无法得到，也不能取消。该漏洞由以太坊的错误引起，目前并不能被黑客利用。

（10）Parity 重签名钱包提款漏洞。该漏洞会使钱包的提款功能全部失效，在 150 多个地址中有 50 多万个 ETH 被彻底冻结。借助这个漏洞，黑客就能通过库函数成为库的主人，然后调用自杀函数报废整个合约库。

（11）浪子合约漏洞。该漏洞的出现，会让交易资金返还给所有者、交易者过去发送给以太网的地址以及特定地址。这种漏洞就像是空手套白狼，买家得到商品，卖家却无法得到加密货币。

（12）区块节点漏洞。该漏洞来自于以太坊区块链上 2283416 区块节点，造成了包括 Geth 在内的所有基于 Go 语言编写的以太坊 1.4.11 版本客户端出现内存溢出错误，并阻止了进一步挖矿。

（13）智能合约 Fallback 函数。调用某个智能合约时，如果无法找到指定的函数或根本就没指定调用哪个函数时，Fallback 函数就会被调用，黑客就能利用该函数做出很多危害系统的事情。

（14）遗嘱合约漏洞。那些已完成或被关闭的智能合约，虽然代码和全局变量已经被清除，但有一部分仍然在继续执行。该漏洞由以太坊的错误引起，目前并不能被黑客利用。

（15）自杀合约漏洞。以太坊发生故障时，智能合约的拥有者可以选择退回，类似于微信中的"撤回"选项。但是，该指令也可以被其他人执行，使得交易失败。

（16）Geth 客户端 DoS 攻击漏洞。如今，多数以太坊节点都在运行 Geth，那些运行兼容拜占庭版本的节点在硬分叉之后更容易遭受 DoS 攻击。

（17）以太坊编程语言 Solidity 漏洞。该漏洞会影响到智能合约中的一些地址和数据类型，多数受影响的合约将无法被撤回或更改。

（18）以太坊短地址漏洞。EVM 不但没有严格校验地址的位数，还擅自自动补充消失的位数，使得合约发送出很多代币。

（19）智能合约递归调用。用户取款的代码存在严重的递归调用漏洞，黑客可以轻松地将用户账户里的以太币全部提走。

（20）以太坊浏览器 Mist。该漏洞源于底层软件框架 Electron，会影响到加密数字货币私钥的安全。

（21）挖矿中心化。以太坊前三大矿商控制着超过 50% 的算力，存在联合作恶的风险。

目前，这些漏洞都广泛地存在于以太坊网络中，但以上漏洞可能只是所有漏洞的冰山一角，为了保证业务在区块链上安全可靠地运行，保护数字资产的安全，用以太坊做区块链技术方案时，必须对智能合约代码进行测试。

第六章 区块链世界的法律架构

◇区块链世界的"代码悖论"

过去代码是自由的，越优秀的代码越自由，可是一旦在代码中添加区块链，就实现了不可篡改性。既然代码不可篡改，那么就必须保证代码没有漏洞。

对于区块链来说，这本身就是一个悖论。

信任，是区块链的躯干；共识机制，是区块链的灵魂。在区块链的世界里，无论是躯干还是灵魂，最终都由代码构成。

法律是一种配置社会资源的机制，由社会经济发展的客观要求所决定，直接影响着经济运行的全部过程。随着社会分工细化和人类活动范围的不断扩张，法律会逐渐变成国家制度框架下确认的一套格式化规则体系，简化社会关系的复杂程度，节约交易成本，帮助社会成员安全规范地进行交易。

不管是基于社会契约论、功利主义论、暴力威慑论，还是法律正当论，法律的约束力都没有突破人的自我意志。

◇法律的本质是"合约"

从本质上来说，现行法律就是一种合约，由（生活于某一社群的）人和领导者所缔结，主要解决了"彼此该如何行动"的问题。

个体之间也存在一些合约，这些合约也是一种司法，这种司法仅对合约的参与者生效，而合同的概念可以追溯至远古时代。古希腊人和古罗马人认为：合同是解决信任透明度和执法问题的正式协议。比如，市场交易合同、企业组织生产经营活动的内部规章，以及其他契约关系。

目前，合约的实行，主要依赖于当事人的忠实履约或第三方的保证。在具体操作过程中，合约要面临一系列的成本，比如，在要约与承诺阶段，交易双方因大量的谈判而发生的签约成本；在合同签订过程中，双方修改补充合同条款的成本；合同在执行和维护过程中发生的履约成本等。

例如，你年前和某人签订了合约给他一笔钱，结果他最后决定毁约不还钱，那么这时你多半会将对方告上法庭。但是，在现实生活中，打官司充满了不确定性。将对方告上法庭，需要支付高昂的诉讼费和律师费，且会耗费相当长的时间，即使最终赢了官司，也可能遇到一些问题，如对方拒不执行法庭判决等。

表面上看，当初你和借款人订立了合约，似乎占据着有利条件，但法律的制定者和合约的起草者需要面对一个不容忽视的挑战：理想情况下，法律或合约的内容应该是明确而没有歧义的，但现行法律和合约都是由语句构成的，而语句却会有不同的解读。

◇合约：区块链世界的"法律前置"

一直以来，现行的法律体系都存在两大难题：第一，合约或法律是由充满歧义的语句定义的；第二，强制执行合约或法律的代价非常大。

而区块链技术的出现，让这些问题逐一被解决。由代码组成的区块链技术，基于法律框架，通过预设自动执行的智能代码合约，在约束并引导人们的行为时，引入技术、依靠技术，不仅会让信息更加透明、数据更加可追踪、交易更加安全，还能极大地降低执行成本。

在区块链世界里，由代码构成的智能合约，组成了区块链的"自规则"，形成了区块链的法律，即"代码就是法律"。代码与语言中的文字相对应，但不同于文字的"多释义"，代码的含义具有唯一性。

代码是一种核心工具，可以用来构筑并保护最基本价值理念的网络空间，甚至使网络空间消失殆尽。劳伦斯·莱斯格教授在《代码》一书中反复强调：基于软件协议，代码能够像法律规则一样对我们的生活进行约束。

◇法律主宰代码

互联网的基础架构就是 TCP/IP 协议，该协议规定了"数据包是如何在网络中进行传输和交换的"。这个简单的协议，没有试图在基础的网络架构里加入太多的东西，比如安全和控制等，这样既保证了基础架构的简单和灵活，又保证了互联网的迅猛发展。互联网的这种架构，让创新在网络的边缘节点进行，使得很多创新应用被发明出来。

如果当初按照美国电话电报公司的想法来对互联网进行规划，那么互联网的发展就不会是今天这个景象了。作为一家企业，美国电话电报公司不仅会在基础架构里加入很多功能和控制，还会对边缘节点的接入应用进行限制，如此就使得互联网的自由空间大打折扣。

开始时，对整个互联网的核心运作进行控制的是 TCP/IP 协议。在计算机网络世界里，所有的规则定义都是通过代码来实现的，可是发展的路径并不是由代码（程序员）说了算。

第一代架构，由非商业组织研究者和黑客建立，只关注如何建立一个网络；第二代架构，由商业建立；第三代架构，完全成了政府的作品。

现实社会的法律开始作用于网络空间，代码越来越不像法律，法律反而开始对网络构架造成影响。为了维护网络空间的安全和稳定，网络实名制被提上议题，新发的帖子需要通过关键词审查；为了保持网络的纯洁，图片需要改变外链规则。在网络空间内，代码实现了法律需要的效果。

区块链时代区别于传统互联网，具有极强的自定共识规则和自动实施规则的能力，区块链技术完全可以通过技术方法落实契约原则，解决信任问题，实现契约的前置、信任的锁定、法律的嵌入和社区的共识。这里，每笔交易都是透明公开的，通过共识协议和可编程的智能代码，可以建立互信、创造信用，继而制定和执行交易各方认同的商业条款。

引入法律规则和监管控制节点，确保价值交换符合契约原则和法律规范，就能有效避免无法预知的交易风险。

众所周知，比特币使用哈希加密算法来维护信息的安全性，那么代码要如何实现这一过程呢？

第一步，打开终端，输入 Python，并单击 Enter 按钮；然后，进入 Python REPL 界面，直接执行 python 命令；最后，输入数值，单击 Enter 按钮。

第二步，确保区块链的区块中能找到前一个区块的哈希值，保证整条区块链的完整性。

第三步，为了保存数据的完整性，要用哈希算法来对整个区块进行计算。

第四步，要想生成一个区块，就要知道前一个区块的哈希值；然后，创造其余所需的内容，区块的资产部分由终端用户提供。

第五步，内存中的 jacascript 数组被用于存储区块链。区块链的第一个区块被称为"起源块"，是硬编码的。

第六步，不管在任何时候，都要确保一个区块或一整条链的区块的完整

性被确认。

第七步，无论在任何时候，链中都应该只有一组明确的区块。如果发生冲突，前面的主干区块链会选择有最大数目认同的链。

第八步，从某种程度上讲，用户必须控制节点。

至此，一个区块链世界就顺利创建完成。但值得注意的是，这些代码是最简单的一种代码架构，经过长时间的发展，比特币和以太坊等代码已经发生了一些变化，且要复杂得多，架构也完整得多。

◇区块链世界法律架构的确立（以以太坊为例）

以太坊通过数字货币和编程语言的结合，给用户提供了一个智能合约编写的平台，用户能够以智能代码合约为底层系统确定自己区块链世界的"法律"。

以太坊的智能合约，由一个完整的编程语言构成，有时也被叫作以太脚本。代码语言是人类用来控制计算机工作的，反过来计算机却无法猜透人类的意图，用代码语言写好的指令，对计算机来说都是准确无误的。也就是说，计算机执行一段代码不存在歧义，除非是代码编写出了问题。在同样的条件下，这段代码会按照既定的步骤执行。

多数合约都会涉及经济价值的交换，或具有某种经济后果，因此完全可以在以太网上用代码实现人类社会的法律与合约。用代码实现合约，不仅可以有严格明确的定义，还能自动被执行。为了说得更清楚，我们来看一个简单的例子：

你创建了一家网站，张某想花 5000 元购买，同时承诺会在 3 月付款。按照传统的交易流程，你首先会与张某签订一个合同，规定张某在 3 月付款。合同签订完毕，网站的控制权转移到张某手里。3 月，按照你对合同的理解，张某应该付款了，但他却认为，合同里的 3 月指的是明年 3 月，而不是今年 3 月，这时你就要花钱聘请律师来进行辩论：合同里的 3 月到底是何年的 3 月？可以说费时、费力又费钱。

而基于以太坊，用户可以用以太脚本定义出合同的智能代码合约。采用这种方式，普通用户也能起草简单的代码合约。而由代码脚本写成的合约，既定义了合约内容，又保证了合约内容能自动被执行。

本质上来说，由代码构成的合约是一个无歧义、无法毁约的合约，只要双方都认同，合约就能执行，不管是否有人想毁约或提出歧义，代码都是最好的语言，代码的规则都能自行运转，是不以人的主观意志为转移的"法律"。

下篇

区块链的用途、未来与展望

第七章　区块链怎么用

◇ 数字货币

数字货币基本上可以分为三类：总量恒定型、锚定型、政府发行型。

1. 总量恒定型

总量恒定型数字货币的代表就是比特币。

比特币最常被人提及的特性就是总量恒定——比特币总量 2100 万个，永远都不会增发。

在每个区块里，新生成的比特币被称作"区块奖励"。区块奖励不是一成不变的，每隔 4 年，奖励就会减半。从 2009 年比特币出现开始，区块奖励是每个区块 50 个比特币；2012 年，区块奖励减半为 25 个；2016 年，区块奖励再次减半为 12.5 个……以此类推，到 2100 万个比特币分发完毕为止。2020 年，比特币产量减半至每个区块奖励 6.25 个。预计到 2025 年会挖掘出 2000 万个比特币。

2. 锚定型

锚定型数字货币的代表是 USDT。市场锚定指的是，数字资产和真实世界中对应的资产在价值上如何保持相等或相近的一种机制。

USDT 就是这样一种用于进行区块链交易的数字货币资产，USDT 锚定的是美元，即 1USDT=1 美元。每发行 1 枚 USDT 代币，Tether 公司的银行账户就会有 1 美元的资金保障。USDT 可以被用于转移、存储、支付消费等。

3. 政府发行型

政府发行型数字货币的代表就是各国央行数字货币。

近年来，加密数字货币已经成为多个国家央行的研究重点。目前，我国央行基于区块链的数字货币研究也已取得阶段性成果。为什么各国都热衷于探索数字货币和区块链呢？出发点很简单，纸钞的流通成本太高，纸钞逐渐退出交易已是大势所趋。

英国央行副行长 Ben Broadbent 曾在一次讲话中指出："比特币可能无法得到广泛应用，但央行发行的数字货币可能会对全球金融体系产生巨大影响。"

◇支付汇兑

货币具有价值尺度、流通手段、储藏手段、支付手段和世界货币5种基本职能。可是，在现代经济学著作中，货币的本质只有3个，即交换媒介、价值存储和计价单位。比特币出现后，货币的这一定义遭到了挑战。

货币的价值存储和计价单位要求货币的币值相对稳定，但是综观这几年比特币的币价可以看出：币值波动很大！

比特币是一种数字资产，在部分国家可以用于支付，但前提是：大部分商家通过第三方支付机构间接接受比特币，即买方购物支付比特币，第三方机构收到比特币后立即兑换成法币，商家收到的是法币而不是比特币。

进行这类交易领先的第三方机构有 BitPay、Circle 和 Coinbase 公司。这里，BitPay 进入时间最早，面向商家直接提供支付处理服务；而 Circle、Coinbase，则是向消费者提供钱包和买卖服务。

目前，区块链在应用场景上的优势主要是"快"，不是比现金快，而是指在跨越信任区域的交易上"快"。

国际汇款如果通过 SWIFT 进行，到账时间需要 3~5 天。使用区块链技术，可以将跨国汇款的到账时间缩短为秒级，国际间结算也可以变得像商场买东西那样在几秒内完成，不仅能够消除大量隐性成本，还能降低跨境支付结算风险，满足客户服务的及时性、便捷性等需求。

◇登记结算

区块链是"去中心化"的分布式账本数据库，分布式账本是各网络节点都可以记录的交易记录。如果网络终端的内存足够，就可以从网上直接下载整个交易记录。账本记满后，只要计算出交易余额，就能拥有打包权，打包成一个区块，链接上一个区块，继而获得奖励。这个过程也叫作挖矿奖励，主要用来奖励维护账本的矿工。

举两个例子：

（1）西瓜给冬瓜转账 100 元，必须通过银行。之后，银行在西瓜账户减去 100 元，向冬瓜账户增加 100 元。在这个操作过程中，银行作为中心机构，交易数据可能遭受黑客攻击，丢失交易记录，造成财产损失。如果银行倒闭，用户财产就可能追不回来。如果是跨国转账，这个过程需要花费较长的时间，支付较高的手续费。

（2）香蕉在美国给日本的樱桃转 10 个 BTC。香蕉通过对交易加密可以直接转给樱桃，就是点对点的交易，不用通过中心化机构。香蕉向全网广播，我向樱桃转了 10 个 BTC，各节点都会将该交易记录下来，并广播到全网。分散的节点记录了所有交易的输入、输出操作，可以对资产的数量变化和交易活动进行追踪，保证交易的可追溯性。

分布式记账会对资产交易提供全球性、全天候、无中介等服务，大大加快资产的流通速度。如今，区块链的分布式记账技术已经受到越来越广泛的关

注，而分布式记账最适合的应用场景就是登记结算业务。公司可以将自己的股东名册放到区块链上进行管理，投资者会用电子签名在区块链上签订股权转让的电子合同，由区块链保证货银对付，实现公司股权的数字化流转。

在现阶段，下面两类公司就非常适合使用区块链：

一是进行股权众筹的公司。股权众筹完成后，这些公司都需要对大量的股东进行管理。股权的变更登记，不仅要花费很多时间，还要耗费众多资金和人力。利用区块链技术，众筹投资者不仅可以在线上完成股权登记的所有电子合同，还能方便地进行股权的再次转让，为股权众筹提供良好的退出机制。

二是支持员工持股激励方案的公司。公司员工持股激励方案原本都是落实在一份份的纸质文件上，缺少完整的数字化股权激励管理系统。利用区块链技术，公司就能将股权、期权、限制性股权、分红权等各种权益放在一个去中心化的区块链系统里进行管理，而员工则能掌控自己的权益份额，感受到实实在在的激励。

◇ 数据存证

1. 不可篡改性

在区块链里，每个人（计算机）的账本都一模一样，且每个人（计算机）都有着完全相等的权利，如果单个人（计算机）失去联系或宕机，并不会直接导致整个系统的崩溃。

既然账本都一模一样，那么所有的数据就都是公开透明的，每个人都能看到各账户上发生的数字变化。有趣的是，其中的数据无法篡改。因为系统会自动比较，会认为相同数量最多的账本就是真账本，少数跟别人数量不同的账本则是虚假账本。在这种情况下，篡改自己的账本没有任何意义，除非能够篡改整个系统里的大部分节点。

如果整个系统节点只有 5 个或 10 个，也许还容易做到，但如果有上万个甚至十几万个节点，且还广泛分布在互联网的每个角落，除非某个人能控制世界上的多数电脑，否则就无法对这类大型区块链进行篡改。

2. 区块链的数据存证

不可篡改性，让区块链成了一个非常好的数据存证技术。使用区块链的数据存证技术，用户就能实现以下 3 个目的：

（1）知识产权保护。用户把原创作品、专利数据指纹等记录到区块链上，未来发生版权纠纷时，就能展示区块链上的数据指纹，证明自己早在某个时间

就已经拥有了该份文件，从而证明自己是该知识产权的创作者。

（2）给文件盖时间戳。用户把合同、文档的数据指纹记录到区块链上，盖上一个时间戳，通过区块链向外界证明在某个时间点，该合同、文档就已经存在了。

（3）完整性校验。把文件的数据指纹记录到区块链上，未来就能通过校验数据指纹来判断该文件是否被篡改过。

◇溯源、防伪与供应链

传统溯源系统多数使用的都是中心化账本模式，或将数据分离孤立，背后的维护就是成本计算的关键点，如果中心化数据遭到恶意破坏，那么与利益相关的中心化账本就会变得不可靠。

所谓溯源，就是对有形商品或无形信息的流转链条进行追踪记录。通过对每一次流转的登记，就能实现追溯产地、防伪鉴证、根据溯源信息优化供应链、提供供应链金融服务等目标。在传统中心化账本模式下，"谁可以作为中心来维护该账本"也就成了问题的关键。

无论是源头企业保存，还是渠道商保存，都是流转链条上的利益相关方，当账本信息不利于其自身时，很可能篡改账本或谎称账本信息由于技术原因而灭失了。这种例子在现实生活中有很多，比如，摄像头总是在关键的时候没被打开或刚好损坏。

利益相关方维护的中心化账本在溯源场景下是不可靠的。采用"信息孤岛"模式，市场的各参与者都会自我维护一份账本，俗称台账；电子化后，又会被冠上进销存系统的名字。

不论是实体台账，还是电子化的进销存系统，拥有者都可以随心所欲地篡改或集中事后编造。例如，我国工商部门强制要求的食品台账制度，落到小企业、个体经营者层面时，往往执行并不到位。同时，这些上下游链条的台账之间没有互联互通，各自独立，无法在最短的时间里进行追溯问责。

区块链在登记结算场景上的实时对账能力，以及在数据存证场景上的不可篡改和时间戳能力，为溯源、防伪、供应链等场景提供了有力的工具。

区块链技术把重点放在数字资产的完整性上，包括网络、数据点、开关、路由器、事件记录、二进制等配置，对网络情况进行实时独立验证，从而保证了信息的安全性。

针对防伪类型的不同，可以对应多种不同类型的防伪溯源通用模块，开发者不用使用计算机语言，就能构架出企业所需的防伪溯源应用子链。如使用区块链技术做防伪溯源的 DITO 系统，实现优于以太坊和 LISK 功能的侧链技术，应用开发人员就能通过 DITO 系统轻松地完成行业企业防伪溯源区块链的开发工作。该系统从技术上突破了传统的溯源防伪系统信息不透明、数据易被篡改、安全性差、相对封闭等弊端和弱点，创造出一个全新的多行业生态系统，具有全球多行业多领域使用的特性，增长潜力巨大。

◇身份认证与公民服务

在区块链领域，存在很多致力于身份认证和个人信息安全的项目，一旦得到普及，就能使用区块链技术来改善身份信息认证和获取的方案。

比如，Crypt ID 是一个基于区块链技术的全新的开源身份识别系统。最初诞生在 Bit Go 赞助的"无国界国际学生黑客马拉松"上，基于无须授权、开放和去中心化账本的应用，获得了第二名。该项目可以这样理解：

传统的身份识别方法只需要一个验证要素，即你所持有的卡片身份证。而 Crypt ID 要求使用 3 个验证要素：你所拥有的唯一的身份证号码、你所知道的密码、代表你自己的指纹。3 个信息会形成 Crypt ID 字符串，该字符串使用的存储空间很小，为 5K~6KB，其他信息大约为 600 字节……所有这些加起来为 8K~9KB，只要花费少量的钱，就能将其容易地存储到 Factom 上，方便地应用到一些需要的地方。例如：

（1）可以将信息存放在能保存几 KB 信息或 QR 扫描码的地方，只代表你的私钥和密码。

（2）可以将符号隐藏在珠宝或手机 App 上，存放你的身份证件。

（3）创建 Crypt ID，用于网页应用或独立的 Windows 系统程序，就能在 GitHub 上查看源代码。使用智能手机 App，就能直接验证其他人的身份信息。如果网页应用也使用了该 ID，那么只要一个密码即可登录。

从安全角度看，使用该方案确实可以获得比传统解决方案更多的好处。

当然，主要好处还是从"去中心化"中实现成本的节省。原因有二：一是不需要使用数据中心或专用的服务器，区块链会将所有的信息存储起来；二是可以在互联网的任何地方对身份进行验证，不用管理员服务器。

◇ 物联网

当今时代万物互联、价值互通，通过互联网连接起来的设备已经超过 100 亿台，2020 年大约可以增加到 250 亿台。

今天的交易一般都是人和人之间的交易，而在物联网世界，交易的参与主体将不再是人，而是各种各样的设备；交易的金额和频次也会发生重大变化，金额变得极小，频次变得极高。在这种环境下，要想建立设备信任网络和微支付，都需要一个全新的基础架构，不能依赖于传统的面向自然人的身份认证体系和面向人际交易的支付系统。

借助区块链技术，就能将相关的核心信息与智能设备关联在一起进行识别，并对其进行编程，使得它在预先定义的规则下执行动作，不用担心错误、篡改或被关闭的风险。

区块链运用于物联网的主要场景如下：

1. 供应链运输

传统的供应链运输需要经过多个主体，例如，发货人、承运人、货代、船代、堆场、船公司、陆运（集卡）公司，以及做舱单抵押融资的银行等。这些主体之间的信息化系统很多都是彼此独立的，互不相通，存在数据作伪造假的问题；同时，因为数据不互通，一旦出现状况，应急处置系统无法及时响应。

而在区块链应用场景中，供应链上的各个主体都会部署区块链节点，通过实时和离线等方式，将传感器收集的数据写入区块链，成为无法篡改的电子证据，继而提升各方主体造假抵赖的成本，进一步厘清各方的责任边界；同

时，还能通过区块链的链式结构，追本溯源，了解物流的最新进展，根据实时收集的数据，采取必要措施，增强多方协作的可能。

2. 共享经济

共享经济是平台经济的衍生，原因有二：一方面，平台具有依赖性和兴趣导向性；另一方面，平台也会收取相应的手续费。比如，初创公司 Slock.it 和 OpenBazaar 等想要构建一个普适的共享平台，依托去中心化的区块链技术，让供需双方点对点地进行交易，加速各类闲置商品的直接共享，并节省第三方平台费用。共享经济最大的优势是精准计费，按照智能合约的计费标准，可以实时精准地付费。

3. 传统输电

举个例子：

纽约初创公司 LO3 Energy 和 ConsenSys 合作，由 LO3 Energy 负责能源相关的控制，ConsenSys 提供区块链底层技术，在纽约布鲁克林区建立了一个能够进行点对点交易、自动化执行、无第三方中介的能源交易平台，实现了 10 个住户之间的能源交易和共享。主要实现方式是，在每家住户门口安装智能电表，在智能电表上安装有区块链软件，构成一个区块链网络。使用手机 App，用户就能在自家智能电表区块链节点上发布智能合约。基于合约规则，通过西门子提供的电网设备控制相应的链路连接，实现能源交易和能源供给。

4. 电动汽车

将区块链运用于电动汽车领域，可以解决多家充电公司支付协议复杂、支付方式不统一、充电桩相对稀缺、充电费用计量不精准等行业痛点。

德国莱茵公司和 Slock.it 合作，推出了基于区块链的电动汽车点对点充电项目。在各个充电桩里安装树莓派等简易型 Linux 系统装置，基于区块链将多家充电桩的所属公司和拥有充电桩的个人进行串联，使用适配各家接口的 Smart Plug 对电动汽车进行充电。

使用流程为：

首先，在智能手机上安装 App。在 App 上注册你的电动汽车，并对数字钱包进行充值。

其次，需要充电时，从 App 中找到附近可用的充电桩，按照智能合约中的价格付款给充电桩主人。

最后，App 与充电桩中的区块链节点进行通信，后者执行电动车充电的指令。

5. 无人机和机器人

该场景主要可以满足未来无人机和机器人快速发展的需要。

机器与机器之间的通信必须从两个方面去思考：一方面，每个无人机都内置了硬件密钥。私钥衍生的身份 ID 增强了身份鉴权，基于数字签名的通信确保安全交互，阻止伪造信息的扩散和非法设备的接入。另一方面，基于区块链的共识机制，未来区块链与人工智能的结合点——群体智能，充满了想象空间，麻省理工实验室已经在该交叉领域展开了深入研究。

◇保险

区块链技术对金融领域的影响是极具颠覆性的，保险行业也不例外，不仅改变了传统共享数据的方式与过程，还能有效防止数据被篡改和造假。

蓝石科技与科技保险平台合作，利用"大数据＋区块链"的底层技术，建立了针对目标人群的风险精算和风险管理平台。同时，与各地卫计委、三甲医院、专业医疗机构等合作，实现了与多地、多家医疗机构的对接，建立了国内最大规模的、服务于保险场景的联盟链，获取了大量精准的医疗和费用数据；同时，还基于对这些数据的精准分析，在国内首家推出了癌症患者带癌投保的抗癌险，为65岁以上老人、慢性病治疗人群等提供多款差异化保险产品。

在业务开展过程中，蓝石科技利用区块链技术，对保险产品信息、投保过程、流通过程、营销过程、理赔信息等进行整合并写入区块链，不仅实现了全流程追溯、数据在交易各方公开透明，还实现了保险公司、保险机构、监管部门和消费者之间的信息共享，形成了一个完整且流畅的信息流，取得了不错的社会效益和经济效益。

截至2017年12月，该平台付费用户超过80万，单月保费规模超过1000万，与多个区域的多个机构建立了业务合作关系。仅辽宁一地，就与40多家医院、200多家教育机构、近千家养老机构确定了合作关系。

对于保险行业来说，运用区块链技术，可以解决备份、安全、性能、存储、容灾等问题。

"区块链+保险"，有个可能的方向就是自动理赔保险，区块链可以高效地解决索赔问题，同时有效减少保险欺诈。通过区块链的智能合约技术，保险公司无须等待投保人申请理赔，就能主动进行赔付。例如，航班延误险，智能合约就能通过航空公司公共接口判断某次航班是否发生延误，自动触发理赔行为，用户无须主动干预。

1. 理赔

传统保险服务中理赔的流程烦琐且复杂，涉及较多的利益与事实证明，同时还可能存在骗保行为，这让理赔难成了横亘在保险公司与消费者之间的最大障碍。区块链技术正好就能解决这一难题。

区块链具有储存信息与较高保密性的特点，能够让保险公司以更低的成本去实现信息共享与信息深度挖掘及识别骗保行为。保险公司在实现更高利润的同时，还能为客户提供更优质的服务，使得理赔过程变得舒心顺畅。

设想某人不幸遭遇车祸，为了弥补损失，向保险公司提出理赔申请。保险公司经过详细调查，向肇事者的保险公司提出索赔。如果对方的保险公司对于此次事件的性质与严重程度有着不同的观点，就会产生许多麻烦，如此客户不仅无法获得满意的体验，甚至还会对保险公司产生巨大的不信任感。

应用区块链技术，智能合约就能将纸质的保险合同条款转变为一行行代码，通过统一的行业标准进行评判，确认事件的性质与具体情况，自动计算各

方应分担的责任并进行理赔，简单、准确、快捷。

2. 医疗保险

患者在诊疗过程中形成的单据与医生的诊断记录会成为重要的理赔信息与依据，这些资料在医院、患者与保险公司之间来回流转，形成了大量的管理费用与冗长的流程，对于三方来说都有弊无利。而将医疗信息录入在加密的区块链上，就不会出现这样的问题，如此不仅能保护患者的隐私，还能建立行业的信息数据规范，为医疗诊断提供更加完善的病历与诊断建议。

设想一位饱受胃病折磨的病人正在四处求医，医生可能需要病患在其他医院的医疗记录，才能为其提供更好的个性化治疗方案。但是，从其他医院提取相关医疗资料极为麻烦，理赔过程还需要这些资料的复印件，每个环节都可能遇到审批不通过的问题，极其耗费时间，为病患增添新的烦恼。

运用区块链技术就能够避免上述情况的发生，各方在合理的情况下都能从数据库中提出所需的医疗记录，避免了资料的反复传递与保管的不便，让各方都能得到满意的结果。

◇医疗

全球医疗市场大得惊人，仅制药这一个领域，市场规模就高达 1.057 万亿美元。

医疗机构保存了大量的机密信息，例如，病人病史记录、疾病、支付和治疗。区块链技术不仅能为这些敏感数据的安全和隐私存储提供解决方案，还能帮助医院和医疗服务者降低在管理病人和其他信息时的成本。

目前，利用区块链来存储个人健康数据 (如电子病历、基因数据等) 是极具前景的应用领域。适合使用区块链的医疗数据既包括年龄、性别等一般信息，也包括一些基本的医疗记录数据，如免疫史和生命体征。

区块链的采用和实施将随着时间的推移而变化，目前区块链在医疗行业的主要应用有如下两个方面。

1. 互通性

今天，医疗行业的数字基础设施正处于巨大的中断期，目前的系统并不完全支持固有的互操作性或安全性。为了将收集的医疗数据充分利用起来，就需要做好系统之间的记录和数据可移植性之间的互操作。

随着各种新型物联网设备和可穿戴设备与其数据流相互关联的出现，医疗保健专业人员需要更好的安全性。借助区块链技术的安全性、完整性，以及便携式用户拥有的数据和互操作性的帮助，这些挑战都可以降到最低。

2.安全性

区块链可以提高医疗保健服务的安全性。举例来说，欺诈医疗账单每年都会耗费医疗保健系统约 600 亿美元的资金。而只要建立一个不可变的区块链，就能管控医疗记录和患者账单，终止滥用的可能性。同时，系统的建立还能增强设备和药品供应链的安全性。

第八章 区块链项目的落地

◇第一步：产品创意

对于一个区块链项目来说，切入点首先应该落在切实能解决用户需求的产品创意上，甚至还要思考它是否有一个非常好的应用场景。

完整的区块链应用通常包括四个组成部分：共享账本、智能合约、隐私保护和共识机制。在一个区块链应用里，只要能同时满足这四点或者满足大部分，该应用就会是一个不错的应用。但话说回来，全部满足条件的区块链场景非常少。

区块链应用的场景应该是共享、共建、共监督，既要认真研究区块链技术，又要对应用领域的痛点了如指掌。直接拿技术去试场景，其实是错误的。区块链的应用应该基于一个行业痛点，结合需求去选取，而非人工地去创造一个应用场景。

区块链不是万能的，很多场景不需要区块链技术也能解决。比如，跨境支付领域，区块链能很好地发挥作用，是因为很多点对点的跨境机构有大量的支付清算需求，又不希望中间机构参与，最终只能选择区块链。其实，在一些集团和大型公司内部，区块链解决方案都远远比不上传统企业的资源解决

方案。

所以，在发现行业痛点时还要考虑：该场景用区块链技术去解决，是不是最好的办法？是不是最合适的选择？一般来说，需求痛点满足了以下几个条件，就可以使用区块链：①存在一个不相互信任的P2P网络环境；②节点之间是对等的，没有绝对的仲裁者；③节点之间的行为是一种博弈。

将这些问题考虑清楚，确定使用区块链技术后，就能初步构建一个大概的产品形态，并做出产品分析，从而确定区块链类型是公证型区块链，还是价值型区块链。

1. 价值型区块链

所谓价值型区块链，是指可以进行资产所有权转移的记账账本。确定了价值型区块链，还要确定目标区块链的总体定位：到底是一个普适的价值型区块链，还是特定场景下的区块链？如果是特定场景下的区块链，就要推荐超级账本作为技术原型；如果是比较通用的价值型区块链，就无法推荐以太坊的思路了。

2. 公证型区块链

所谓公证型区块链，就是指仅拥有关键数据自证、披露、防篡改等功能的区块链，这些功能通常是在价值型区块链中附带的。公证型区块链也可以单独扩展，用于公示公开等。

◇第二步：组建团队

一个构成合理、分工明确、经验丰富的区块链开发团队，是项目成功的先决条件。不管是区块链项目的构思、研发、应用落地，还是与交易所的对接，都是由团队来完成的。因此，好的团队往往是区块链项目价值几何级增长的重要保证。其中，领队的商业洞察力决定着项目市场前景是否广阔，技术的执行力决定着项目开发是否准时，团队的影响力决定着交易所对接是否顺畅……而上述的内容则决定着项目的升值空间。

具体来说，一个区块链项目团队的组建，主要经历以下4个阶段：

1. 提前准备

要想组建团队，首先就要根据任务的性质来判别团队成员是否为完成任务所必需。应当明白，有些任务由个体独自完成，效率可能会更高。此外，还要明确团队的目标与各成员的职权。

2. 创造条件

区块链项目团队管理者要为团队提供完成目标所需的各种资源，比如，人力资源、财务资源、技术资源等。缺少这些资源，团队就不能成功搭建。所以，为了让成员能更好地完成，在组建区块链项目团队的过程中，要满足每位成员的基本需求。

3. 形成团队

本阶段的任务是让团队开始运作。此时，必须做好三件事：一是管理者

确立谁是团队成员、谁不是团队成员；二是让成员接受团队的使命与目标；三是管理者公开宣布团队成员的职责与权力。

这里，区块链团队是逐步形成的，根据相关职责，可以将团队分为技术团队、运营团队、顾问团队、法务团队等，各团队之间相互配合，共同实现既定目标。

4. 提供支持

项目团队开始运行后，即使可以自我管理、自我指导，也需要管理者的指点谋划，帮助团队克服困难、战胜危机、消除障碍。在区块链团队中，顾问与法务团队是一个方向性的团队，在项目遇到问题时，能够为项目技术团队指明方向，还会对法务及运营等问题给出建议，便于项目更好更快地完成。

◇第三步：撰写白皮书

区块链项目白皮书，是团队向市场展示商业模式、技术实力、团队能力、发展前景的公告，也是项目上交易所时能否通过的重要评判标准之一。那么，究竟什么是白皮书呢？

白皮书是由政府、机构等公开发表，针对某一问题或项目的正式说明文件，以白色封面装帧。由于各国习惯和文件内容不同，也有使用其他颜色的，比如，蓝皮书、黄皮书、红皮书等。现通常指封面为白色的文书。

把进行的项目通过白皮书完整地呈现给公众，就能对项目进行详尽说明。看白皮书的时候，要带着疑问去思考，记住，多数白皮书都能用一句话介绍它的项目是做什么的。

合格的区块链项目白皮书，通常包括下面几个组成部分：

（1）初衷与愿景。比如，为什么要设立这个项目，最终的目的是什么。

（2）技术原理，技术创新。从本质上来说，区块链就是一种密码学，是计算机学和数学的集合。而看项目重要的是看该项目运用的是何种技术架构，在前人的基础上有无创新。

（3）解决什么问题。未来生态要落地，就需要创设一定的应用场景。要思考该项目是否运用到了区块链，是否需要去中心化。

（4）核心开发、运营人员组成。搜索核心人员信息，看他们有无计算机

背景、有无密码学背景。记住，人员比项目本身更重要！

（5）其他。包括顾问、项目规划路线图。比如，团队之前是干什么的，现在正在做什么，未来要做什么，是否完成了过去和现在的规划。

◇第四步：组建基金会和法律合规

如今，网络社区都设定了自己的组织治理机制，区块链社区也不例外。

但区块链社区和网络社区相比，其治理方式更加与众不同，具体有两种治理方式：链上治理与链下治理。其中，链上治理主要依靠共识机制来运转，而链下治理则一般由基金会来管理，进行战略决策和协调社区各方面的资源。

下面重点讲讲基金会治理。基金会对社区负责，以推广和发展生态为首要工作目标。一个生态社区发展到后期最好的状态是，区块链项目本身的运营完全取决并依赖于社区自治，基金会只作为社区内的普通成员，对项目的治理提出建议和方案，但不享有高出其他成员的权利或权威。

同时，组建基金会要符合法律要求。现有多数区块链项目采用的都是私募方式，即在国外成立一个基金会，然后由国内的咨询公司来操盘具体业务运营，同时尽可能地在公司主体结构上与法务相匹配。

◇第五步：组建社群

社群的创建会对项目的落地实施产生很大的影响，项目团队可以通过激励与奖励的方式来加快项目社群的创建。在项目社群中，项目运营团队可以通过互动来活跃社群用户；在社群里，需要不断地公开上市前或上市后项目的推动情况，不断提高信息透明度，让更多社群成员来监督项目的日常运行。

以成功运行的比特币系统为例：比特币系统通过健康的激励机制来奖励遵守协议的诚实节点，提高了区块链的安全性，建立起了去中心化的信任体制。同时，大众的信任又反作用于激励系统，促进了比特币的自我发展。而项目为了实现自我发展，也建立起完善的激励机制和信用机制，以更好地解决市场运营中存在的社会问题，提供更好的综合服务。

在项目众筹后，项目团队必须保证项目代码库在社区的不断更新。代码及产品的更新迭代直接反映了项目团队的健康度和做事认真程度，这些都会反作用于用户，达到活跃用户和增强用户基础的目的。

◇第六步：募集资金

目前，区块链项目的募资主要有两种方式：传统股权的 VC（风险投资）和发行 Token（代币）众筹。

1. 传统股权的 VC

传统 VC 机构对于区块链公司来说，价值更多的不是体现在募集资金上，而是体现在资方背书和战略资源上。好的 VC 投资能帮助创业团队对接到产业资源，进行产品开发和团队扩张，从而实现项目的落地应用。而区块链项目创业团队在募集资金时，依然能够选择传统股权的 VC 形式，通过基金投资和私募的形式募集资金；也可以选择发行代币众筹，或两者兼而有之。

目前，传统区块链应用项目正在逐步吸纳代币机制，代币项目也在逐步与实体经济融合。

2. 发行 Token 众筹

通过发行 Token 进行众筹，属于区块链技术出现以后一种新的募集资金的方式，现在主要出现在区块链项目中。从本质上来说，发行 Token 是一种产品众筹，是项目构建一个基于区块链产品的服务承诺。在完成一个区块链项目之前，创业团队一般会通过公开售卖部分 Token 来募集资金，然后将募集到的资金用于创业团队的开发。比如，以太坊最初的资金就是 2014 年众筹得来的 1800 万美元，以太坊众筹案例也被列为最成功的众筹案例之一。

Token 是区块链生态里的一种权益证明，在经济体系下常被作为区块链生态内的流通货币。在通常情况下，Token 一经发行，便会严格按照区块链代码执行，不受个人或机构控制。

对于一个区块链项目创业团队来说，采用众筹的形式来募集资金主要有以下好处：

（1）项目资金不受限制。项目发展初期的资金不再受限于第三方金融机构，创业团队可以更多地把精力放在项目的运营上，不用与此类金融机构分享收益。

（2）打破了地域限制。项目的募资无地域限制，全球各地的投资者均可进行投资。

（3）融资精力得到释放。创业团队可以把精力更多地放在项目运营上，减少在融资谈判上的时间投入。

目前，一个区块链项目众筹募集资金的流程如下：

第一步，投资者通过交易市场购买数字货币。

第二步，众筹在一定范围内公开项目。

第三步，项目在交易所登录上市。

第四步，投资者使用比特币、以太坊等数字货币认购。

第五步，项目方将获取的募集资金变现。

◇第七步：项目开发

1. 选取区块链技术原型

着手项目开发时，首先要对区块链技术原型进行选取。如果是特定场景的区块链解决方案，建议使用 Hyperledger Fabric。当然，搭建以太坊私有链也可以。一般情况下，平台技术思路上的不同，会带来完全不同的应用空间。以太坊是靠自己实现，如自己提供合约语言 Solidity、自己实现 EVM。如果考虑自行开发，可以根据比特币技术来修改，实现加密算法，更改共识算法及网络传送协议和附加合约脚本。

其实，智能合约在一些场景中不是必选项，对用户来说，第一需求是可靠、方便和实时。针对特定的应用场景，将"合约"固化在区块链里同样可行。

2. 设计交互接口

设计交互接口时，推荐使用目前业界通用的兼具扩展性和友好性的 Json-RPC 接口。接口一般分为两类：开放接口和账户接口。开放接口是指，区块链本身的描述信息，不需要认证；而账户接口是需要账户认证的。

3. 设计基础账本

基础账本的设计需要思考以下两个问题：

（1）原型区块链是否已经满足需求？如果是以太坊，基本上不需要改动

基础账本，只要构建智能合约即可。如果是以比特币体系为基础，则要有较大的改动。

（2）不满足需求时，如何改动基础账本？具体来说，要根据账户模型来确定。使用 UTXO 模式，改动的重点就是如何嵌入模板交易体；使用 Balance 模式，则没有这个问题。

◇第八步：主链上线

对于区块链项目来说，像比特币、以太坊等一样，搭建属于自己的区块主链，就需要在技术团队完成产品后将项目主链接入网络，这也是区块链项目主链上线的一种方式。

基于以太坊等平台出现的 DApp 应用，则不需要这样。比如，以太坊上的区块链项目，是依托以太坊智能合约平台存在的，其主链上线只要将产品接入以太坊公有链即可。

◇第九步：市值管理

"市值管理"是区块链领域中一个全新名词，在一个真正市场化的区块链领域，每个区块链项目的市值都跟其项目本身有关。但现实情况是，为了吸引更多的投资者，交易所的许多币种都会以非市场化的手段干预市场价格，并请专业操盘手对币值进行调控。

通常，好的区块链项目都是由市场进行决策的，如果市场不成熟，从一开始就要进行"市值管理"。

在传统证券市场上，"市值管理"是个非常敏感的词语。在通证市场，各类操纵通证价格的事情每日都在上演，参与者主要有：

主角：项目发起团队、交易所；

配角：媒体、市值管理团队、大V；

跑龙套者：带头（代投）大哥、线下线上会议的主办方等。

这些机构和个人既是主角，也是小丑；表演的既不是喜剧，也不是悲剧，更不是正剧，而是一出出的"闹剧"。

正确的市值管理应该从团队的区块链业务落地入手，制订并执行切实可行的计划，一步步地实现对社群用户许下的承诺。同时，要结合一定的媒体宣传和推荐活动，将项目执行过程中的信息公开地予以披露，让社群用户与执行团队在第一时间得到有效信息，同心同德，彼此融合。

在现实的通证交易市场，存在很多弊端，比如，市场无人监管、信息披露不充分、缺少公正客观的媒体舆论监督、市场处于发展初期、参与者很少、作恶者很多等。一旦进入交易所，通证价格就与实际区块链业务的落地没有直接关系了。

◇第十步：产品运营

项目上线后，要想让更多的人知道这个产品，就要采取一定的运营方法，对外进行推广；更要发动项目社群本身的力量，让社群成员一起参与传播。这里，就要使用到更多的互联网手段了。

1. 用户分级运营

某区块链公链项目曾策划过一个非常机智的"用户分层游戏"，它把用户分为四个层级。第一个层级：用户 Token 持有量在 10 万 +；第二个层级：用户 Token 持有量在 5 万 ~10 万之间；第三个层级：用户 Token 持有量在 3 万 ~5 万之间；第四个层级：用户 Token 持有量在 1 万 ~3 万之间。每个层级的社群，每个月都能得到不同额度的空投奖励。社群成员越多空投，额度越高，每个层级里的用户都可以参与拆"Token 礼盒"，Token 数量与用户在社群里的活跃度、Token 换手量呈正相关。

每个层级都是对外开放的，每个月的月初用户均可以申请入群，系统会自动对申请用户的钱包地址进行快照，并邀请他们加入想要的层级社群，比如，月初申请时持有该项目 10 万个 Token，就可以进入他们的顶级社群。但是，加入社群后并不代表你可以一直留在这里。在月底发放 Token 奖励前，如果在某个时刻钱包地址持有的 Token 量少于层级规定的门槛，那么就会失去本月拆"Token 礼盒"的机会。

这家区块链项目的社群互动规则确实很灵活。通过社群互动，就将用户分层、活跃、锁仓等动作一次性搞定。

如今，很多区块链项目的设计者都不再将锁仓视为一种单纯的理财行为，而是想着怎样将其游戏化，实现收益的升级。具体做法是，需要有一个基础保底收益做保障，然后需要大家一起用智能合约进行抽奖，看谁分得多……

游戏化运营不是做区块链项目运营的必备技能，但却是一个非常重要的加分项，在区块链项目的社群运营和用户增长中，会有非常突出的表现。

2. 游戏化运营

为了让大家感受到游戏化运营在区块链项目中的作用，这里举个例子：

某区块链项目策划了一个"邀请好友送糖果"的活动，最开始的玩法是邀请几个人送多少个糖果，邀请的好友数量和糖果奖励数量直接相关。刚开始人们的兴趣很浓，但两轮过后，效果明显减弱。在邀请活动几乎失效时，项目运营团队又想到了"掷骰子"的玩法，让整个邀请活动游戏化。具体操作是：邀请好友入群的用户，可以让好友帮助掷骰子，来赢取更高倍数的糖果奖励。如此，社群用户就更有动力去邀请好友，被邀请者也知道了邀请好友入群可以玩领糖果的游戏，也就更愿意去邀请好友入群了。

关于游戏化运营的关键是，要善于利用"不确定因素"，只要引入不确定性的变量因子，就可以把简单的互动变得游戏化。

3. 引导用户锁仓

最基础的锁仓操作有两个维度：一是时间，二是用户的持仓量。

在区块链领域,"锁仓"一词指的是项目方通过激励机制、约束合约、定活期锁定生息等方式让用户长期持有 Token,达到 Token 增量的目标。市面上流通的 Token 越少,Token 的价值就越高,此时运营者就可以定期在社群里策划锁仓活动,通过一定的年化溢价,让用户成为长期的 Token 持有者。

激励锁仓的方式主要有两种:一是百分比 Token 奖励法,如给出年化收益率等;二是权益激励,如达到多少可以享受什么样的权利等。

锁仓方式主要分为以下两种:

(1)强制锁仓。一般通过合约或者平台控制,锁仓人不能提前解锁,否则,必须经发起活动者同意,且得到合约或者平台的支持。

(2)灵活锁仓。一般看不出来是锁仓,只要拥有一定数量,就能享受一定权益,随时可退出。

第九章 区块链的常见问题

◇ 51% 攻击问题

区块链的运作原理之一就是 P2P 传输，即各节点可以直接进行通信，不用通过一个中央节点传送信息，每一节点都可以保存信息并向其他节点转发信息。

通过数据的一致性，各节点之间能够保持同步，该共识规则在软件中就是一个共识算法。比如，比特币中的工作量证明。

比特币中的交易数据，是矿工通过算力竞争来打包记录的。所谓"算力"就是指计算机每秒钟可以计算哈希值的次数，算力越大，矿工的计算速度就越快。矿工只要完成某种证明算法，就能得到区块数据的打包权，将网络中已经发起但还没打包到主链的事务数据打包到新区块上，并且广播到其他节点。

从理论上来说，只要掌握了 51% 以上的算力，计算出正确哈希值的速度就会比全网其他矿工快，这时只要从包含自己想要篡改的交易数据之前的一个区块开始向下挖矿，就有可能创造出一条比当前主链更长的区块链。

目前，比特币的挖矿算力主要集中在几个矿池，普通计算机能挖到矿的

概率越来越小。为什么叫 51% 的算力攻击？其实，这也仅仅是一个象征性的说法，不用较真，表明"占据了 100% 算力的一大半"。

具备优势算力，攻击将会如何发生？比如，比特币中的区块是一个个衔接对应的，其中的交易事务也是通过输入输出形式一一对应的。比特币的工作量证明机制，因为掌握着优势算力，也就掌握了打包权。它可以修改自己的交易记录，从而实现"双花"，比如在咖啡店使用比特币购买咖啡，获得打包权后完全可以通过自己的优势算力将这笔记录去除掉，然后再将新的区块广播出去。

◇隐私性

区块链的重要特点就是数据的共享与透明。在很多商业领域，"共享"与"透明"都是敏感词汇，区块链在建立多中心化技术信任的同时如何满足对商业隐私的保护和对操作权限的控制，是需要重点解决或面对的问题。

在区块链公有链中，参与者都能获得完整的数据备份，所有交易数据都是公开和透明的。可是，对于很多区块链应用方而言，该特点却是缺点，因为在很多情况下，不仅用户个人希望保护自己的账户隐私和交易信息，很多商业机构更是将账户和交易信息视作他们的重要资产和商业机密，同样不愿意将这些信息公开分享给同行。

为了保护隐私，达到匿名的效果，比特币的交易地址和地址持有人的真实身份的关联相互隔断。通过区块，虽然可以查看每一笔转账记录的发送方和接收方的地址，但却无法对应到现实世界中具体的某个人。这种保护方式强度较弱，只要对区块链的信息进行观察和跟踪，利用地址 ID、IP 信息等，还是可以追查到账户和交易的关联性，分析出现实情况下具体某个人的身份信息。

◇矿池算力集中的问题

2020 年，比特币已经成为一个高度集中的网络系统，对少数大型实体的信任度也越来越高。我们应该密切关注比特币网络哈希数值的集中化，因为该变化会破坏网络的非信任模型。但矿池的算力集中问题也是需要注意的。

1. 集中不可避免

事实证明，具有 100% 哈希算力的矿工比具有 10% 哈希算力的矿工更容易控制网络。多数矿工可以重组区块链，提高交易费用，甚至阻挡和排斥任何不需要的交易进入区块链。如果矿工的不端行为可能会伤害到用户，那么就需要努力防止哈希算力集中化。

区块链攻击性行为并不取决于某个个体拥有庞大的哈希算力，人类都是逐利的，即使是最理性的人，也会为了赚取更多的收入而做出自我认为合适的选择。但是，一旦出现了可以单独阻止一方拥有过多权限的机制，挖矿的行为本身就会被取代。

2. 集中是无害的

既然矿工不是理性且无害的，那么该如何防止矿工有可能出现的攻击行为呢？"中本聪"在《比特币白皮书》里直接解决了这个问题："如果一个贪婪的攻击者能够集合比所有诚实节点更多的 CPU 能力，将不得不选择使用它来窃取代币欺骗人们，或使用它来生成新的代币。他应该发现，遵守这些规则会比从其他人那里获得的财富要多得多，这些规则比其他人的财富加起来都更有利于他，而不是破坏制度和他自己财富的有效性。"

3. 实际攻击成本

攻击成本与攻击者拥有多少哈希算力有着密切的关系。矿工所拥有的比特币的现值取决于网络价值，因为他们未来的利润完全来自于区块奖励。如果比特币发生大范围攻击，用户对系统失去信任，那么比特币就会贬值。假设，拥有60%算力的攻击者决定攻击网络，该攻击使比特币的价格下跌10%，保守猜测未来利润就会损失3.6亿美元。这就是攻击者的攻击成本。而且，这还不包括剩余40%的哈希值回击的能力。

通过上面的分析可以发现，采矿集中是不可避免的。对比特币的攻击，会让实际成本随着攻击者控制的算力的增长而成正比例增长。因此，该系统确实能保证拥有更多控制权的矿工对自己潜在的巨大利益进行自我保护。

◇ "去中心化"的自治组织

去中心化自治组织（DAO,Decentralized Autonomous Organization）是去中心化应用的更复杂形式。在去中心化自治组织中，一些智能合约会被"拿"到区块链上运行，根据预先设定的范围，也可能是根据事件和条件的变化来自动执行预先批准的任务。

为了从形式上更像一个组织，一个DAO就需要具备类似于法律章程等更复杂的设置，更加公开概述其在区块链上的功能和金融运作机制，比如，可以通过众筹来发行股票。

在区块链上，智能合约不仅能够像自治企业模式一样运作，还能构建一些跟现实中商业模式一样的功能。随着比特币交易越来越流行，汇款市场将变得更加有效，而DAO也能完成相同的事情。

开办企业，需要现实地考虑诸如营业许可、登记、保险、税务等问题，由此必然会产生许多成本。而如果将这些烦琐的手续直接移植到区块链中，那么处理起来就会变得更加有效，而有些事务性工作是完全不需要的，并且所有的业务天然就是全球化的。

基于云计算和区块链的自治企业实体，能够根据智能合约和电子合同来完成任何它们所需要的操作。

◇钱包的安全性问题

自 2008 年以来，加密数字资产市场不断扩大，为了满足数字资产的存储需要，数字钱包应运而生。据 Statista 统计，2018 年第一季度全球数字资产钱包用户量约有 2400 万。

数字货币钱包在不同的状态下有不同的理解，根据钱包是否联网，可以分为冷钱包和热钱包；根据数据的完整性，可以分为全节点和轻节点；根据私钥存储方式，可以分为中心化钱包和去中心化钱包；根据主链关系，可以分为主链钱包和多链钱包；根据签名，可以分为单签名钱包和多签名钱包。无论何种形式，数字钱包在数字交易过程中都发挥着重要的作用，简单来说就是，私钥存储工具，包括余额查询、发送交易等基本功能。

数字钱包是区块链产业中必不可少的一环，随着区块链产业的扩张其发展逐渐加速，越来越多的项目方加入了数字资产钱包的行列，只要是跟数字资产存储有关的，都能研发出一个区块链应用钱包软件，来对数字资产进行管理。其功能板块主要分为转账、投票、体验 DApp、行情、币圈资讯等几项。

玩币、炒币都离不开区块链钱包，评价一个区块链钱包的好坏，首要的就是其安全性如何，没有什么比账户的安全更重要。看下面几个例子：

加拿大创业公司开发的知名钱包应用 Jaxx，是目前支持区块链资产品种最多的，但依然免不了被盗的命运。用户钱包已被盗取了近 40 万美元。

韩国交易所 Coinrail 遭遇了严重的黑客袭击，虽然交易所的保管人员成功

地将多数客户资产转移到了冷冻钱包，但交易所依然弄丢了30%左右的客户财产，损失了约3500万美元。

全球最大的以太坊钱包imToken，国际版本升级时，也遭遇了一次黑客攻击，所幸没有损失任何资产。

道高一尺，魔高一丈！关于数字钱包安全问题，首先应该明确一点：没有更安全，只有更有效！只有找到适合自己的方法，才能提高保护资产的安全意识。比如，不使用未备份的钱包；不使用邮件传输或存储私钥；不使用微信收藏或云备份存储私钥；不要截屏或拍照保存私钥；不使用微信、QQ传输私钥；不要将私钥告诉身边的人；不要将私钥发送到群里；不要使用第三方提供的未知来源钱包应用；不要使用他人提供的App ID；不要将私钥导入未知的第三方网站。

数字资产的安全储存和管理的具体操作方法如下：

（1）从官方渠道下载数字钱包App，比如，谷歌商店、苹果商店。如果系统是DApp属性就更好了，因为区块链是去中心化的产物。

（2）做好私钥备份。要将账号、登录密码、支付密码、助记词等全部记录下来，写在纸上或写在手机记事本中。

（3）区块链钱包要回归技术本源，夯实基础，让用户放心安全地使用。

（4）及时更新版本，关注最新资讯。

记住，数字钱包是区块链产业的有利屏障和护城河，只有为数字钱包价值赋能，才能让用户真正体验到区块链钱包技术带来的生活价值。

第十章　区块链的政策与法规

◇区块链的法律构建

　　区块链是一种新兴的技术，一旦孕育出先进的生产力，就能形成全新的产业模式。2017年，国务院发布了《国务院关于进一步扩大和升级信息消费持续释放内需潜力的指导意见》（国发［2017］40号），其中明确提到"鼓励利用开源代码开发个性化软件，开展基于区块链、人工智能等新技术的试点应用"，以及"坚持包容审慎监管，加强分类指导，深入推进'放管服'改革，继续推进信息消费领域'证照分离'试点，进一步简化、优化业务办理流程，推行清单管理制度，放宽新业态新模式市场准入"。

　　为了让好的区块链项目在我国落地生根并发展，就要从多方面入手，采取多种策略，为区块链技术发展构建法律环境。

　　为此，可以从以下几个方面入手：

　　一是规范项目登记监管。要规范区块链商业应用项目基本流程及主要文件标准，规范项目设立运营，建立统一的登记体系。比如，规范与项目发起有关的法律文件的内容和格式，对项目白皮书设立标准样式，为必要内容做

出准确、详细的说明；建立统一登记体系，对项目设立人的基本情况及运营情况进行适时监督；设立科学化的流程。

二是鼓励技术应用项目进行国际交流。区块链是一项跨国界的应用技术，封闭则无法实现其自身的发展。在维护我国基本经济金融管理秩序，建立规范的反洗钱、反恐怖融资和加强跨境资金管理的条件下，要鼓励区块链行业加强国际间的交流，鼓励项目走出国门，发展海外社区。

三是规范融资额度，使用监督体系。项目融资额应当与项目的开发和维护相适应，同时对资金的使用做到透明可审计；对投资人及项目创始团队的权利义务关系进行科学合理的界定，对相应文件确立标准版本，可引入行业仲裁机构进行非诉争议解决。

四是建立区块链监管沙盒试验园区。建立区块链项目的沙盒监管园区，能更进一步明确监管尺度，保护行业的健康发展。

◇国外一些政府的监管态度

从全球范围来看，各国政府对区块链、区块链资产的态度都不一样，但整体来说都还处于探索期。

1. 美国

（1）监管。2013年，就比特币的问题，美国参议院、国土安全及政府事务委员会召开了听证会，首次公开承认了比特币的合法性。

2014年，美国国家税务总局将比特币看作是一种财产而不是货币；同年，《纽约金融服务局法律法规》开始实施对比特币的监管。

2015年，纽约金融服务部门发布密码货币公司监管框架BitLicence；同年，美国商品期货委员会（Commodity Futures Trading Commission，CFTC）把比特币和其他密码货币合理定义为大宗商品，受到CFTC的监管。

2016年，为了对正在研究区块链和其他金融技术的创业公司进行监管，美国货币监理署发布了"责任创新框架"。

2017年，美国国会宣布成立国会区块链决策委员会；特朗普政府行政部门呼吁发展区块链在公共部门中的应用。

2018年，SEC（Securities and Exchange Commission，美国证券交易委员会）发布了《关于数字资产证券发行与交易的声明》，强调SEC支持有利于投资者

和资本市场发展的技术创新，但必须遵守联邦法律框架；同时，鼓励区块链新兴技术的创业者聘用法律顾问，必要时可以向 SEC 寻求协助。

2019 年，Libra 横空出世，推进了普惠金融。美国国会对加密货币的听证会越来越频繁，但对区块链技术的态度从敌视转为承认其合法化，严格监管操作层面，积极支持技术应用。

（2）态度。美国虽然认可区块链技术并鼓励其发展，但对这种新兴技术一直都保持着严谨的监管态度。美国对于区块链技术的监管依托于各机构之间的相互协作，主要有美国证券交易委员会、美国商品期货委员会、美国金融情报机构。有时，美国国家税务总局也会发布相关准则。目前，美国对于区块链的监管方向是重点打击加密货币领域的违法行为，对区块链的应用也越来越积极。

2. 英国

（1）监管。2016 年，英国政府发布《分布式账本技术：超越区块链》白皮书，肯定了区块链的价值。

2018 年，英国财政部、金融行为监管局和英格兰银行共同组建了"加密资产专项工作组"。同年 10 月，英国政府发布了一系列关于区块链行业的监管措施。

2019 年，英国金融监管机构 FCA（金融市场行为监管局）发布了文件《加密货币资产指南》。文件指出，根据国家监管活动令（RAO）或《金融工具指令Ⅱ》中市场监管的"金融工具"，加密货币资产可被视为"特定投资"。

（2）态度。英国首相、英格兰银行行长、财政大臣都曾在不同场合表示出台监管政策的必要性。英国可能是当下对区块链技术和数字货币最开放的国家之一，始终抱着"监督不监管"的态度，并且还为全球区块链初创企业提供了非常优惠的政策，因此不少区块链初创公司都在考虑把总部搬往伦敦。

3. 德国

（1）监管。2013 年，德国金融部认定比特币为一种"货币单位"和"私有资产"，受到国家监管。如此，德国成了世界首个承认比特币合法地位的国家。

2016 年，联合德意志联邦银行召开区块链技术机遇与挑战大会，针对分布式账本的潜在运用进行研究，内容包括跨境支付、跨行转账和贸易数据的存储等。

2018 年，德国财政部表示，用户将比特币用作支付方式，他们不会征税。

2019 年，德国总理安格拉·默克尔（Angela Merkel）内阁批准了区块链战略草案，确定了政府在区块链领域里的优先职责，主要包括数字身份、证券和企业融资等。

（2）态度。德国不仅看到了加密货币背后的核心技术，还将区块链技术视为有前景的关键技术。虽然德国不允许私有企业发行稳定币，但依然希望利

用区块链技术带来的机遇，促进经济社会的数字化转型。

4. 俄罗斯

（1）监管。2014 年，俄罗斯政府全面禁止比特币在国内流通和使用。

2015 年，俄罗斯开始洽谈比特币的流通和监管，财政部提出议案，计划限制访问允许虚拟货币发行和流通的网站，参与比特币交易的用户最高将面临 4 年监禁。

2016 年，俄罗斯再次被传将推出本国的数字货币，财政部副部长 Alexei Moiseev 表示，不再全面禁止比特币。

2017 年，俄罗斯总统普京会见以太坊创始人 Vitalik Buterin，开放了区块链行业的政策；同时，在俄罗斯议会中，还成立了区块链专家组议会。

2018 年，俄罗斯央行以"风险高、时机不成熟"为由，对虚拟货币提出警告。同年，俄罗斯正式宣布关闭比特币交易网站。

2019 年，俄罗斯央行表示反对任何"货币替代品"，央行行长艾薇拉·纳比乌琳娜在国家杜马会议上重申了这一监管态度。目前，俄央行正在对数字货币的运作进行研究，特别关注中国数字货币的研发。

（2）态度。近年来，俄罗斯政府与相关部门对比特币等加密货币的态度都不太友好，但对区块链的态度越发积极。相关报道显示，俄罗斯对待加密货币虽然不积极，但一直都在关注该行业的发展。同时，俄罗斯政府也异常看中区块链技术的发展与应用。

5. 日本

（1）监管。2014 年，世界最大的比特币交易机构——日本 Mt.Gox 丢失了巨额比特币，自此之后，日本监管机构加强了对区块链和虚拟货币的监管。

2016 年，日本内阁通过投票，将比特币和数字货币都看作数字等价货币。

2017 年，日本实施了《支付服务法案》，正式承认比特币是一种合法的支付方式，对数字资产交易所提出了明确的监管要求。同年，日本新版消费税正式生效，比特币交易不再需要缴纳 8% 的消费税。

2018 年，日本金融厅指出，将对虚拟货币进行严格注册审查和监控。

2019 年，日本虚拟货币商业协会发布"关于 ICO 新监管的建议"；同年，通过了《资金结算法》和《金商法》修正案，加强了对虚拟货币兑换和交易规则的措施。

（2）态度。在亚洲国家中，日本对区块链的态度比较开明，但监管又做得非常谨慎。日本政府早期鼓励发展，后来谨慎监管……态度不断向合规化转变。目前日本央行在监管上主要针对的是数字资产，还在尝试一些区块链项目。

6. 韩国

（1）监管。2016 年，韩国央行在报告中提出鼓励探索区块链技术。同年，为了推动韩国布局区块链行业，由韩国金融投资协会牵头，21 家金融投资公

司和 5 家区块链技术公司共同成立了区块链协会。

2017 年，韩国政府将比特币汇款方式合法化；韩国金融服务委员会（FSC）禁止国内公司参与 ICO，对参与 ICO 的人员实施严厉处罚。

2018 年，韩国政府将区块链作为税收减免对象，鼓励企业入局区块链领域；韩国国民议会提出解除 ICO 禁令的提案，一个月后正式解禁，但监管依然严苛。

2019 年，经韩国科学和信息通信技术部证实，韩国政府将在 2020 年对区块链项目投资约 1280 万美元。

（2）态度。韩国政府对区块链的态度一直都不太明确，但韩国民众对数字货币却相当痴迷，让韩国成了全球区块链社区的重要组成部分。

7. 新加坡

（1）监管。2017 年 8 月，新加坡金融管理局（MAS）数次发表声明称，只要在 MAS 注册发行货币的内容经过相关调查和许可，就可以进行 ICO。

2018 年 9 月，MAS 将代币分为应用型代币、支付型代币以及证券型代币。

2019 年 1 月 14 日，新加坡国会审议通过《支付服务法案》（*Payment ServiceAct*），对数字货币业务的监管进行了明确，该法案规定，数字货币交易所、OTC 平台、钱包等属于支付型代币服务商，需要满足相关反洗钱规定，并申请相应牌照。

（2）态度。从总体上看，新加坡对区块链技术的态度还算比较宽松和开放。数据显示，早在 2017 年，新加坡的募集资金量就已经处于全球第三大 ICO 市场了。

◇区块链与法律的关系

1. 代码即"法律"

代码是规制网络空间中行为的一股重要力量，劳伦斯·莱斯格教授对此进行了经典论述："代码与法律、市场、准则共同对网络空间中的各种行为进行调整，基于代码的软件或软件协议会决定人们利用互联网的方式。"

现行的与互联网相关的法律法规，需要以网络协议为基础，比如，TCP/IP协议、防火墙技术、域名解析技术、超链接技术、数字签名技术等，更高级一些如微信平台、微博平台、淘宝平台等技术也是网络规范的基础。

与TCP/IP协议、微信平台或其他网络上的代码一样，区块链技术同样会对各种网络行为产生深远影响，甚至还会直接影响到相关的法律关系、法律主体，以及崭新的法律客体，促使现行的互联网法律制度进行相应调整，即使目前在行业中区块链应用程序非常少，很多人依然相信区块链技术的巨大发展前景。目前，越来越多的国家正在达成一个共识——在政府出台有关规定之前，应该对区块链的好处和成本进行精确的分析。

区块链技术具有以下几个特征："去中心化"、去信任、集体维护、可靠数据库、时间戳、非对称加密等。这些技术特征让区块链技术的应用体现出这样几个特点："去中心化"的分布式结构应用于现实中，可以节省大量的中介成本；不可篡改的时间戳，可以解决数据追踪与信息的防伪问题；安全的信任机制，可以解决物联网技术的核心缺陷。

正是因为这些优点的存在，让基于区块链系统的网络资产与以往任何的网络资产都不同，主要表现在：区块链资产并不在同一中央节点上；每一节点都会存储全部网络的系统信息；在区块链系统中资产的变动可以被跟踪；区块链系统的资产具有更高的安全性。

区块链技术改变了互联网上所有与信任有关的经济模式，让可信第三方变得不再必要。在传统网络交易的模式里，需要可信第三方提供担保，可信第三方至少需要具有以下 3 个方面的功能：证明交易的物品实际存在；避免多重交易；预防交易纠纷，记录交易历史。

传统互联网上信任的建立有赖于可信第三方的存在，比如，在淘宝网上购买商品，要使用支付宝作为可信第三方负责担保并中转资金，买家收到货物后，再将款项从支付宝转移到卖家。虽然被称为可信第三方，但是作为交易的局外人，始终要面临"谁来监督可信第三方"的问题。而区块链技术的意义在于，区块链资产的网络交易无须第三方提供信用保证，就能提供可被信任的交易模式，不会涉及"谁来监督可信第三方"这样的问题。

使用区块链技术，交易的合同可以直接嵌入到被交易过程中，在一定条件下，合同条款被触发而自动履行。进一步来说，将区块链技术与物联网技术结合在一起，甚至还能让这些变革延伸到线下的现实生活中。

借助区块链技术所特有的信任机制，交易的过程也会变得更加简洁。

2. 知识产权

（1）知识产权登记。近年来知识产权的概念日益得到重视，各行业的知

识产权意识也显著增强。知识产权包括版权（著作权）、商标、专利、商业秘密等。在不同类型的知识产权中，商标与专利的获得都需要向有关责任机关进行申请登记，之后才能获得权利。虽然在作品创作完成时就可以获得版权，但为了证明版权的获得时间，也可以向登记机关进行登记，获取著作权登记证明。因此，知识产权的效力严重依赖于登记机关对于知识产权信息的记录情况，一旦知识产权登记机关的登记系统出现故障，就会给知识产权权利归属的判断带来不便。

类似的故障不仅会造成知识产权申请的积压，还会影响知识产权的日常运作与管理，导致整个知识产权体系无法正常运行。这种故障即使只出现一天，也会给知识产权行业带来巨大的影响。因此，需要设立一套安全、可靠的知识产权登记系统。

在信息登记方面，区块链技术具有先天的优势，比如，时间戳功能可以提供可信的知识产权登记记录，证明知识产权的登记时间。因此，对知识产权的登记制度来说，区块链技术有能力提供更加可靠的技术保障。

（2）作品发行。作品的发行和传播是一项重要的知识产权权利，而在作品发布以后的传播过程中，版权人一般都无法控制整个过程。尤其是在互联网时代，作品的复制与传播成本极低，盗版盛行，未经授权使用他人的文字或美术作品屡见不鲜，让许多产业深受其害。将区块链技术引入作品的发行，完全有可能改变盗版泛滥的窘况。

区块链技术也有望对网络上普遍存在的版权侵权行为进行遏止。传统上，因为网络上的各类知识产权可以进行无损复制与低成本传播，导致权利人难以对版权进行有效控制，像盗版、"私服"、"外挂"这样的侵权行为屡见不鲜。

同时，利用区块链技术，还能让网络上各类作品成为可信登记的证明。区块链技术有能力控制、追踪网络上各类知识产权的实时情况，版权人完全可以像在传统网络环境下一样，让自己发布的作品失去控制。作品在区块链系统下进行发布，就能对使用作品的条件进行约定和限制，加强权利人对自己知识产权的掌控力度，形成一种新的商业模式。

利用区块链技术来进行作品发行，版权人就能有效控制作品传播过程，导致利益的天平向版权人一方倾斜。

3. 登记制度

在法律领域内登记制度被广泛运用，除了知识产权登记制度外，还有不动产登记、机动车登记、企业工商登记、部分财物的交易登记、股权登记、诉讼立案登记等。

在这些登记制度中，有些特殊权利的变更如果不进行登记，就会导致法律行为无效，比如，专利法规定："转让专利权的，当事人应当订立书面合同，并向国务院专利行政部门登记，并由国务院专利行政部门予以公告，专利权的转让从登记之日起生效。"

在权利变更的过程中，登记是权利变更流程的一部分，但变更程序是复杂的、缓慢的、昂贵的，还会涉及大量资金，每个人都需要进行足够的尽职调查，如此，区块链也就成了保证调查的候选者。

有些事项不经登记，则无法继续推进流程，比如，进行立案登记是法院

受理、审理与执行案件的前提条件。股权的登记虽然不是强制要求的，但如果不在管理部门进行登记，会面对无法对抗第三人的后果。而区块链技术确实能够帮助有关管理部门进行登记。

4. 网络财产

如今，网络已经成为人们社会生活中不可或缺的一部分，越来越多的财产也从线下转移到了线上。

在传统的网络技术中，网络财产多数都被存储在网络服务提供商的服务器中，网络服务提供商可以随时进行修改、删除等操作。如此，导致提供网络服务的一方能绝对掌控网络财产，而用户的处置权利则有限。但基于区块链技术的网络财产，虽然能够通过应用软件设置各种权限，但依然会被储存在每一节点中，继而削弱网络服务提供商对财产的掌控力度，继而影响到网络财产的归属等问题，打破网络财产归属的平衡，让用户对网络财产享有更多的权利。

借助区块链技术，可以开发出基于区块链技术的网络财产管理系统。网络服务提供商能通过区块链账号管理系统，加强对各类财产的控制，降低中央服务器由于被攻击、拖库而导致的如服务瘫痪、隐私泄露等风险。对于用户来说，区块链技术能够带来更高的安全性，有效降低网络财产面临的安全风险，还可以提供一种更加便利的使用权证明，方便各方确定网络财产的权利与义务，避免用户权益受损。

5. 从电子合同到智能合同

电子合同是便捷的、高效的，随着互联网经济的日益活跃而被广泛利用。比如，用户注册网站时阅读同意的"用户协议"，电子商务平台为了方便交易而与供货商签订的供货合同，与互联网金融交易相关的各类协议等。从一定意义上来说，电子合同甚至还是多数互联网交易活动的法律基础。

2015年5月国务院制定了《关于大力发展电子商务加快培育经济新动力的意见》，第一次明确提出了"建立电子合同等电子交易凭证的规范管理机制，确保网络交易各方的合法权益"。由于电子合同完全是在网上操作，因此保证电子合同的真实性也就成了重点。

在常规集中的数据库中，交易是由单一可信的权威管理机构创建的；而在区块链应用中，交易可以由任何一个区块链的用户创建。而且，由于用户不完全信任对方，数据库必须含有限制进行交易的规则。

区块链可以容纳大量的数据，包括完整的合同。从本质上来说，智能合约很容易以电子的方式执行，只要脱离单一机构的掌控，就能创建强大的第三方机构。借助区块链技术，电子合同的安全性更高。更重要的是，区块链技术可以让合同文本与合同内容紧密地结合在一起。比如，网络财产、网络版权作品等都可以将合同文本嵌入其中，让用户根据约定的情况自主地去履行权利与义务。

6.隐私保护

在传统的互联网环境下，个人信息主要包括用户上网所产生的信息，比如，用户在网络上的言论、Cookie 中的信息、网络账户的账号及密码、实名登记的身份信息等。使用互联网时，个人数据总会在网络上传输，而在传输的过程中，个人信息就可能被盗用和传播。如此，每一个网络用户都成了潜在的受害者。

个人信息一旦泄露，就会给信息相关人员造成巨大的伤害。更可怕的是，个人信息的泄露并不是单一的个案，而会涉及很大的范围，通常是伴随着数以万计的个人信息被窃取、非法贩卖等。

区块链技术具有加密性，可以为个人信息的保护提供解决方案，对个人信息进行分布式保存，避免单一服务器所面临的安全风险。借助区块链，用户还可以加强对个人信息的控制。

在传统网络应用中，用户个人信息的收集、挖掘、交易等过程都掌控在网络服务提供商手中，用户无法了解个人数据的利用情况，更难以了解网络服务提供商是否存在违规甚至违法行为，而能够对网络服务提供商造成约束的，只有与用户之间的协议。

借用区块链技术，用户就能加强对个人信息的控制力度。对于用户，区块链所有的交易信息都是公开透明的，用户能够轻易地对个人信息的使用情况进行跟踪，避免用户的个人信息被收集后又被完全抛在一边。

7. 规制区块链

区块链是一项新兴技术，对区块链的规制离不开法律、代码、市场、准则4个方面，而区块链技术的应用与发展同样也会受到这4个方面的影响。

（1）法律。法律规制着使用区块链技术的各种行为。著作权法、侵权责任法、合同法直接对各种利用区块链的侵权行为进行处罚，划定了法律上的红线。

（2）代码。代码规制着网络空间的行为。区块链代码本身具有的特点，决定着基于区块链技术各种应用的使用方式。比如，开放源代码可以提高区块链技术的安全性与稳定性，让用户使用得更加放心。

（3）市场。市场是规制区块链技术的重要力量。市场的好恶直接决定着区块链技术的发展前景。

（4）准则。区块链的使用准则发挥的作用类似于法律，在法律不健全的情况下，使用准则就可以起到很好的约束作用。由此，建立一套区块链技术的使用准则也就成了必然。

◇区块链的法律前景

在经济发展过程中，技术因素一直都发挥着重要作用，社会关系因为技术的发展而不断发生着变化，社会关系的变化也让法律的调整成了必然。同时，法律也直接影响着技术的发展，比如，《促进科技成果转化法》就直接影响着科技的进步。

技术对于法律的影响永远都是一个复杂的话题，法律制度变迁的背后一直都伴随着技术的影子。

近年来，无论是在法律圈还是在科技圈，人们都在讨论互联网对法律的影响。法律人担心互联网会改变现行法律行业的经营方式，而互联网行业从业者则试图通过互联网渗透法律这一古老的行业。因此，法律从业人员必须对互联网技术进行更广泛的了解，互联网行业从业者也要了解现行的法律制度。

可以说，区块链技术为法律制度与互联网的结合与发展提供了无限的可能性。在未来，既要重视区块链技术对法律的影响，又不能忽视法律对区块链技术的规制。

第十一章　区块链改变世界

◇区块链存在的风险

可以说，任何一门新型技术的发展都不是一帆风顺的，区块链也不例外。下面，我们就来分析一下区块链技术发展所面临的风险挑战。

1. "去中心化"与传统监管模式的本质矛盾

货币系统和金融领域关系着国家的经济秩序和金融体系稳定，因此，目前对区块链的监管也主要体现于此。除了在小范围的投资领域流转，目前比特币的最重要的应用场景是洗钱、勒索和黑市交易等犯罪活动。虽然少数承认数字货币的国家和地区已经出台了一定的监管政策和举措，但具体监管效果还无法确定。同时，我们不仅要对明显的违法行为进行监管，还要对技术规则本身进行规制。区块链的"去信任化"功能无法克服技术设置本身的"不诚信"问题，以技术为包装的规则失衡极具隐秘性，监管起来也就更加困难。

对数字货币的监管和对数字货币的应用是一对矛盾的存在，传统的监管模式是集中化的、反匿名的，与区块链技术"去中心化"的本质特点相悖。更深

层次的悖论则在于，以数字货币为依托的科学技术与监管体系之间的价值追求不同，前者奉行的是"去监管"哲学，崇尚自由开源；后者更强调风险的防控与化解，追求的是效率、安全与公平的动态平衡。

2."去中心化"与"再中心化"的循环悖论

"去中心化"是区块链区别于其他传统系统的主要特质，从一定意义上来说，其革新意义也在于此。

"去中心化"是"再中心化"在技术规则赋权下的意义延伸，可是区块链的"去中心化"也不太绝对。虽然从技术和理论上确实能够实现绝对的"去中心化"，但资源和信息的流动也会促使新中心的形成，从而消减"去中心化"的意义和功能。数字货币的矿池和交易平台就是这方面的典型代表。

二者虽然解决了"人人皆可参与"挖矿和交易数字货币的现实需求，却成了新的中心化平台，引发了更多的危机和风险。另外，区块链在社会治理中的应用也可能遇到同样的问题。区块链具有可扩展性，可能促使新的虚拟权力的产生，导致现实政治的重新集权，少数技术精英垄断或主导公共事务却不用获得任何合法授权。

3."智能合约"与现行法律制度的对接难题

区块链应用不仅面临着监管系统缺位、监管规则空白等问题，而要想获得正式的合法性地位，还要克服与现有法律系统的对接和协调等问题，这主要体现在智能合约的应用方面。

目前，关于智能合约的论述多集中在"如何实现可编程金融、如何取代中介机构"等方面，而忽略了智能合约与现有法律系统的协调和兼容。主要表现在如下几个方面：

（1）关于语义解释和表达效力问题。在现实生活中，受限于语义表达的多意性和客观情况的多变性，经常会出现法律未规定或双方未约定的情形，这需要对法律规定或合同条款进行解释，且这种解释还会涉及复杂的利益权衡和价值判断，需要具有公信力的第三方进行裁决。但现实情况是，智能合约依靠计算机语言写就的程序在缔约方之间实现验证，这样就容易出现一个问题：程序代码能否精确地表达合同条款的语义、合同条款能否准确地表达当事人的意思？如果无法表达，如何来解释代码？该由谁来解释？是不是被合同法认可的有效合同形式？

（2）在智能合约执行过程中，所有的一切都要听命于事先设定好的代码，不用考虑缔约方当下的真实意愿，如果一方当事人出现某个操作失误或希望有其他选择，代码程序却没有提供可修改的替代方案，让合同法上的合同变更、撤销和解除等制度无从适用，人们就会质疑智能合约在提高效率的同时牺牲了公平和自由。由此可见，智能合约虽然在一定程度上实现了技术与法律的协同，但还需要现行法律制度的进一步确认。

4."共识机制"下的技术与现实差距

"共识机制"是区块链技术的重要组件，处于区块链技术架构的较低层。即使缺少第三方信用机构，区块链系统中的各节点依然能对某一行为进行记录

和认可，原因就在于，各节点都在自发地遵守提前设定好的规则，能够对记录的真实性进行直接判断，并将判断结果为真的记录记入区块链。这种判断规则就是"共识机制"，保证了区块链应用的实现。

有些主张带有明显的乌托邦色彩，比如，将区块链运用于社会治理时，认为传统的集权政治和等级制度都将被新的治理模式和认知方式取代，信息技术作为一种新"权力"，也会"解放"传统"权力"。这一主张忽略了技术功能与现实之间的差距。因为，技术虽然能够实现"去中心化"，但并不意味着能够消除现实中的"再中心化"；系统中的各节点能够对某一交易记录达成共识，并不代表用户能够对整个系统的发展达成共识。

现实中，个人行为一般都带有很强的波动性和盲目性，泛化民主打破治理主体与公众间原有的平衡，决策共识就更加无法实现。社区内，不同的用户有着不同的利益和价值观，用户主张也就不可能完全一致，如果再将其应用于整个社会，就更难达成共识了。

◇区块链遭遇的挑战

区块链自从产生以来，就是世界范围的热门话题。区块链技术具有很多优势，不仅呈现出美好的前景，还有着巨大的挑战，且这种挑战甚至还是历史性的。主要体现为以下 3 个方面：

1. 人才储备异常不足

从 2008 年 10 月"中本聪"写出关于区块链的论文，到 2009 年 1 月 3 日建立第一个区块链，到现在只有 12 年。过去，任何技术都没有像区块链一样以如此快的速度引爆了世界范围的关注和应用热情。但是总体来讲，世界各个国家包括中国在内，对区块链的认识和了解都非常有限，区块链的人才储备也异常不足。

报告显示，在过去几年，尤其是 2018 年，很多国家对区块链人才的需求都呈井喷式增长。虽然招聘职位增长幅度巨大，但能满足区块链要求的人才却非常少。报告显示，中国真正具备区块链开发和技能的人才非常少，约占总需求量的 7%。

2. 区块链应用太浅，可能用偏和用错

如今很多企业和组织都想将区块链技术与现有的生产和服务模式结合起来，实践中很多企业也是这样做的。报告显示，75% 的企业投资区块链技术，主要是为了保证信息的可溯源，保证数据不被侵蚀，保护网络安全，增强现

有生产和服务的竞争力。而多数企业都将"用区块链来创造新的生产和服务模式"排在倒数第一或倒数第二位。

区块链技术非常重要，需要我们对它进行深刻了解，需要将目光放长远，需要看到未来的新机遇。有些人认为，区块链技术带来的改变可能是革命性的，比如，区块链在数字金融、物联网、智能制造和数字资产交易等方面应用比较多，尤其是在金融领域，区块链的应用被投资者称为"风口"。但专家指出，区块链技术对金融的影响是颠覆性的，意识不到这一点，就无法在正确的轨道上使用这种技术。

3. 对区块链技术带来的影响认识不深

区块链不仅是一种技术，还会对政治、社会和经济学基本理论产生深刻影响。在美国和欧洲，很多学术会议辩论的主题都是：区块链是一种技术，还是一种哲学？区块链确实是一种技术，但它带来的变化却不同于过去。区块链技术创立的初衷之一，就是对数据不透明、中心化、不民主和腐败等问题的不满。所以，区块链网络的"去中心化"、公开透明，完全基于规则，没有腐败。

有人说，"中本聪"的理想，区块链背后的理想，本身带有乌托邦性质。基于区块链的政治学和政治，该怎样发展，主要依赖于人类的设计，但仅靠区块链技术驱动，是无法知道结果是否有利于社会治理的。那么，该怎样应对区块链的这些历史性挑战呢？笔者认为，首先要觉醒；其次要聚集多方力量，进行深入研究，努力寻找应对的方案。

记住，区块链是人发明的技术，同人工智能等其他技术一样，不仅要大力弘扬其技术优势，还要同时控制其负面影响，让其造福人类。

◇挑战之下的新机遇

区块链是一种"共识"实现技术，通过区块链，可以对网际间的所有交易进行记录，供用户见证实现"共识"。同时，区块链上的信息内容"不可篡改"，通过系统内多个副本的存在，增加了内容被恶意篡改的成本。

具体来说，区块链要解决的一个问题就是"少数服从多数"，少数的存在可能就是数据生成错误或被恶意篡改的内容。在共享经济环境下，区块链的机遇主要有以下 3 个方面：

1. 区块链未来会重构大数据

自古以来，信息战和谍报战都存在。从通过人工获取信息，到数据库技术的发展，再到移动智能手机的出现，甚至包括 20 世纪 90 年代 IBM 的深蓝电脑打败象棋大师……所有的人工智能创新和价值都是围绕数据进行的，只要找到数据，就能发现价值和创新。未来，大量的数据都在区块链里，所有的应用和创新都要基于区块链诞生，我们相信，区块链一定会重构大数据，成为重要入口。

2. 实时平账，不用事后审计

如今，金融体系有一个很重要的原则，叫钱账分离，还有业财分离。在区块链里，两者是合二为一的。该目标的实现，主要依赖于一种巧妙的数据结构。使用区块链，可以做到实时平账，不需要事后审计。要知道，银行和银行

之间、地区和地区之间、国家和国家之间，事后审计需要付出较大的成本，涉及的面也非常广。

3.区块链可能降低信用成本

众所周知，银行可以树立很好的信用机制。但站在国家的角度来讲，却耗资巨大，成本较高。原因有二：一是它有政府做背书，位置都位于城市核心区，如在中央商务区、中央金融商务区等；二是通过国家赋予的法律武器等强制手段，维护了整个货币的稳定性。相比之下，区块链所建立的信用机制极大地降低了成本，主要表现在两个方面：一是区块链是一项虚拟的网络技术；二是区块链具有不可伪造和无法双重消费的特性，让人们很容易建立信用。

◇区块链的前景展望

≡ 区块链的经济前景

区块链虽然是个新事物，但有着巨大的经济前景。

1. 区块链的未来发展方向

对于区块链来说，其最具经济前景的发展方向主要有以下几个：

（1）底层公链。底层公链如同智能手机的安卓或 iOS 系统，如果想开发一个区块链项目，完全可以基于公链来完成。如此，不仅可以降低开发的难度，还可以节省大量的成本。

（2）分布式计算。利用分布式计算，就能将该应用分解成许多小部分，然后分配给多台计算机进行处理。如此，不仅能节约整体计算时间，还能提高计算效率。

（3）物联网。利用区块链技术，就能为 IOT 的大数据管理、安全性和透明性等提供最佳解决方案，还能为智能设备之间的微交易带来便利。

（4）跨链技术。开发区块链项目，可以打通区块链价值的传输通道，让区块链各网络之间实现互联互通。

2. 普通人如何利用区块链赚钱

（1）炒币和屯币。运用区块链赚钱，炒币的门槛最低，低买高卖，类似于股票二级市场的操作。比如，在比特币价格低时买入，价格高时卖出，就可以赚到一定的差价，实现盈利。

（2）用挖矿等方式获得数字资产。比特币中的"挖矿"过程需要抢，只要抢到记账权，就能得到奖励——比特币。手中的数字资产足够多，当价格趋于平稳的时候，就能赚到钱了。但挖矿需要专业的矿机，门槛稍高。

（3）技术培训。如今，很多人还不明白什么是区块链，不了解如何参与区块链投资，这就为培训公司提供了机会。如今，区块链爱好者联盟、区块链技术团队、区块链投资机构等，已经开始从事这方面的工作了。

（4）区块链项目推广。利用项目的分享机制，宣传推广，就能得到代币奖励或其他福利。简而言之就是，邀请其他用户注册、交易等，获得奖励。核心是流量。

（5）区块链社区建设。可以直接参与到区块链社区的建设里，从事开发应用、内容填充、营销推广、社区维护等工作。

区块链将构建"完美"的契约世界

未来，我们可能不会再用现金买东西，完全会重新定义"事物所有权"的概念。比如，未来在一个阳光明媚的上午，你到当地的一家超市去买牛奶，看中自己喜欢的牛奶品牌，只需挥一挥手，智能手表就能立刻检测到牛奶盒中内置的透明加密芯片，并获得它的哈希代码。如此，就完成了购买牛奶的动作。

我们每个人在网上拥有的一切，从身份到金钱，都需要一个公正的第三方机构来证明，这是我们能真正拥有某物的唯一途径。从技术上讲，你的所有在线资产都是你借用的。

可是，区块链出现后，情况不再如此。密码学货币的出现，让智能合约越来越走近我们的现实生活。只要拥有在线资产、能够降低抵押贷款利率、更加容易地更新遗嘱、贷款没有处理费用、买卖交易免手续费……这些应用和其他更多的应用，都会向我们走来。

智能合约是能够自动执行合约条款的计算机程序。未来的某一天，这些程序完全有可能取代处理某些特定金融交易的律师和银行。智能合约不只是简单地转移资金，其主要问题在于：它怎样与我们的法律系统协调？会有人真正使用智能合约吗？

1. 智能合约赋予物联网"思考的力量"

物联网是一个由设备、车辆、建筑物和其他实体相互连接的世界。小到恒温器，大到自动驾驶汽车，都是物联网的一部分。电子商务网络平台"物联中国"，预计在未来 10 年，物联网的设备数量将达到 1000 亿量级。

网络如此庞大，采用中心化的组网模式，数据中心的基础设施投入、维护成本将无法估量。在云计算还没有完全打消人们对数据安全的疑虑时，物联网的设备会更加深入人们的生活隐私。比如，电饭锅每天几点做饭、做几人份的、热水器几点开始工作……这些数据一旦被传输到管理中心节点，你的物联网方案又该如何应对呢？

如今，物联网还存在一些安全问题，比如，汽车系统可能会受到恶意攻击、房屋进入系统需要加强安全性、互联网面对安全挑战等。运用区块链中的智能合约技术，完全可以解决这些问题。

首先，区块链的最大特点就是"去中心化"。运用区块链技术，我们对智能设备发出的指令无须上传到网络中心，只需在我们中间进行循环，减少了信息流通的时间成本。

其次，在信息安全上，智能合约无法被超越。区块链技术的安全性，能

够保证我们在使用智能设备时信息不被其他人窃取，这样就不用担心在网上借了一笔钱之后手机被垃圾贷款信息填满。

2. 从智能合约到智能资产

未来，智能合约将改变我们的生活，我们现在所有的合约体系都可能被打破，智能合约可以解决所有的信任问题。智能合约也可以用在股票交易所，设定触发机制，达到某个价格就自动执行买卖；也可以用在众筹平台，跟踪募资过程，设定众筹目标，增加透明度，更好地保障投资者权益。

将贷款还款交由智能合约处理，贷款处理费用就会被取消，获得房屋所有权的成本就会更低。通常，抵押贷款将被卖给投资者，银行只会成为你每月还款的处理者，向投资者支付大头，小部分交税，更小部分用于房主保险。这个操作非常简单，却需要银行花费一个季度到半年的时间来处理抵押贷款还款等问题。银行只是从贷款者手里接受还款，将还款转交给投资者，并凭此服务向人们收费。

智能合约还可应用于个人健康管理。借助一个可穿戴的健身追踪器，就能将卡路里数量和步数发送到区块链。这些数据是经过加密的，身份是匿名的，区块链会跟健康专家，如教练、医生或医疗机构等建立联系，智能合约会触发需要的服务——不管是健身计划，还是针对某些慢性疾病的治疗。

未来，律师的职责可能与现在的职责大不相同。律师的职责不是裁定个人合约，而是在一个竞争市场上生产智能合约模板，合约的卖点将是它们的质量、定制性、易用性等。只要设定一个非常好的、具有不同功能的权益协议，就可以收费，许可别人使用。

3. 有执行力的合约

从本质上来说，现行法律就是一种合约，是由人和领导者缔结的一种关于彼此该如何行动的共识。个体之间也存在一些合约，这些合约可以理解为一种私法，相应地，这种私法仅对合约参与者生效。

初期，智能合约首先会在虚拟货币、网站、软件、数字内容、云服务等数字资产领域生根发芽，针对数字资产的"强制执行"非常有效。但是，随着时间的推移，智能合约会逐步渗透到现实世界。比如，基于智能合约的某种租赁协议的汽车，可以通过某种数字证书进行发动；如果该数字证书不符合该租赁协议，汽车就不会发动。

三 区块链技术将成为下一代数据库架构

区块链技术的出现并不是空穴来风，其今后的发展也不可能脱离互联网和技术原来的脉络，作为一种数据存储机制，也会承接数据结构发展的既定规律。如今，计算机技术正在以惊人的速度向前推进，我们接近人工智能的奇点也越来越近。任何人都无法阻止技术发展的步伐，只有遵循这些规律，成为发展的推动者，才不至于被时代的发展所抛弃。

1. 设计思想的根本变化

面对人类建造的最强大的计算网络，传统的系统架构多半都会发生巨大改变；算力的空前发展，让"大数据"正在迈入"大计算"的时代。互联网的下一阶段，完全可以从"去中心化"网络的系统架构上发现设计思路和用户需求的改变，而这些改变足以对整个 IT 产业产生重大而深远的影响。

随着计算能力的增加，我们对信息的需求已经不仅是快，还要更好更安全。过去，多数系统都是按照"越快，功能越好"的要求来设计的。因为对于过去的多数应用来说，实现信息交互功能才是最重要的。而当人们在互联网上有了足够的应用时，就会提出更高的需求，区块链技术就是顺应这样的需求而出现的。

随着区块链技术的发展，必然会出现更多的跟过去截然不同的网络模型和架构。目前，很多人都在试图运用以区块链技术为基础的应用来建立全新的模型，就充分说明了这一点。

2. 数据库进入全新阶段

在互联网诞生初期，数据库的主要类型是关系型数据库。该数据库采用了关系模型来组织数据，于 1970 年由 IBM 的研究员 E.F.Codd 博士首先提出，在之后的几十年中，关系模型的概念得到了充分发展并逐渐演变为主流数据库结构的主流模型。简单来讲，关系模型就是二维表格模型，是由二维表及其之间的联系组成的一个数据组织。

随着 Web 2.0 网站的兴起，传统关系数据库在应付 Web 2.0 网站，特别是超大规模和高并发的 SNS 类型的 Web 2.0 纯动态网站时，已经显得力不从心，暴露出诸多无法克服的问题；而 NoSQL 的数据库则由于自身特点，得到了迅速发展（NoSQL 泛指非关系型数据库，其出现解决了大规模数据集合多重数据种类带来的挑战）。

区块链技术是一种特定分布式存取数据技术，通过网络中多个参与计算的节点共同参与数据的计算和记录，且对信心的有效性进行互相验证。也就是说，区块链技术也是一种特定的数据库技术，能够获得以全网共识为基础的数据可信性。

目前，大数据还处于基础发展阶段，一旦进入到区块链数据库阶段，就会进入到真正的强信任背书的大数据时代。

3. 数据的马斯洛需求层次

数据发展跟马斯洛需求层次理论有些接近，实现了生存和使用的需求后，自然会出现更高的需求。当然，安全仅仅是数据发展中的一个阶段，最终都会朝着人工智能自我实现的需求发展。目前我们虽然还无法确定"当数据能实现人工智能时，数据库会是怎样的形态"，但对未来人工智能数据库的发展充满信心。

我们这一代人很可能会幸运地经历人类历史上两个最让人吃惊的事件，一是所有人和所有机器都通过区块链技术以前所未有的互信展开大规模协作；二是真正的人工智能将被创造出来。这两个事件都会改变世界的经济发展模式，而与此同时，创业者、企业家、科学家和极客也会花费更多的时间去创造更多的震惊和快乐。

区块链将改变我们的生活

目前，能够对未来生活产生巨大影响的科技已经到来，社交媒体、大数据、人工智能、区块链……必然会对我们的生活造成颠覆性影响。

1. 降低成本

在零售业中，最明显的问题就是中间商。也许商品本身价格并不高，但经过层层盘剥，经销商为了利润最大化，就会不断地增加零售价，原本买下一个商品不需要花多少钱，但最终到了消费者手里，就会翻上几十倍甚至上

百倍。区块链的"去中心化"可以免去中间商的环节，卖家只要将自己的商品挂在平台上，无须支付额外的中间费用，就可以卖出；买家不用支付额外的费用，就能买下最实惠的商品。由此，就能大大降低买家和卖家的交易成本。

2. 医疗保护

区块链系统可以解决医疗保健领域的重大难题，允许所有医生和医疗服务供应商安全、便捷地访问个人健康记录。不同于以往的纸质记录，现今的数字化医疗记录可以创建并储存在不同的系统中，个人的医疗记录是独一无二的。区块链技术可以将不同渠道的信息进行整合，"默认加密"标准也能减少数据破坏带来的风险。此外，区块链的不可篡改性，还能让药品的来源变得更加清晰透明。

3. 教育行业

随着网络在线和远程教育力量的增强，就有必要对学生成绩单和教育记录进行独立核实。区块链系统可以作为教育记录的公证人，为教职人员和其他教育机构创建一种访问学生记录和成绩单的途径。此外，还可以促成大学和其他大型机构的合作。比如，学生想在哈佛大学学习在线网络课程，就不再需要等待，他的成绩和记录可以轻松、迅速地在学校间进行转移。

4. 避免盗版音乐

相对文字来说，音乐的版权更加薄弱。盗版音乐虽然不用花钱，但不仅质量差，还会抹杀掉音乐人的辛勤汗水。如此，就不利于行业的健康发展。而有了区块链后，区块链的不可篡改性让每个音乐作品都变得独一无二，他人无法更改，即使有盗版音乐被上传，也可以被查询到并筛选出去。

5. 银行业

将区块链运用于银行业，必然会以一种更安全的存储银行记录的方式，通过"点对点"技术，更快捷、更方便地进行转账操作。

6. 慈善透明化

区块链可以让信息互通，在慈善的每个过程中都达到透明、公开化，每一个节点都变得一清二楚，不会记成一笔糊涂账。同时，所有人都能看到募捐的过程，并实时跟进，避免了慈善钱款数目和去向模糊的情况。

7. 房地产业

区块链系统可以用来简化流程并完全消除托管。对于智能合同的设计来说，只有在满足某些条件（包括资金）的情况下，才能执行。此外，所有这些文件都可以被安全地存储起来。

第十二章 从全球经典案例看区块链的应用与未来

◇区块链 + 能源：我国的能源区块链实验室

2016 年 5 月 5 日下午，北京 77 文化创意产业园举行了"能源区块链实验室成立仪式"。该区块链实验室是全球第一家致力于在能源产业价值链全环节实现区块链技术应用的研发型企业，也是全球顶尖区块链开发组织 Hyperledger Project 唯一的能源行业成员。

该实验室以变现能源革命为使命，拥有完备的区块链技术开发团队和金融产品设计团队，将能源市场与金融市场应用场景深度融合在一起，打造了一款成本低、更可靠的区块链平台。其产品把基于区块链的互联网服务作为表现形式，基于区块链的便利化绿色资产，设置了数字化登记和管理功能，服务的绿色资产包括碳排放权、用能权、节能积分、绿色债券、绿色信贷等；服务的市场主要有：电动汽车可再生能源、虚拟电厂、工商业节能 / 储能、绿色金融等。

该平台将绿色资产开发各环节的参与方统统纳入了基于区块链的分布式

账本，不仅实现了基于区块链的信息和数据传递，还做好了评审和开发过程中的协作和监管，打造出了各类绿色资产的数字化登记和管理平台。

该实验室研发的区块链平台，能够大幅压缩各类绿色资产在开发、注册、管理、交易和结算等流程中的信任成本及时间成本，压缩各类绿色能源资产的融资成本和使用成本，不仅有利于加快电动汽车、可再生能源、储能等绿色能源的生产，还可以将 CCER 碳资产的开发周期缩短一半。

该实验室的完整系统由两部分组成：一是物联网系统，二是区块链系统。其中，物联网系统主要包括部署在用户侧的各类智能计量系统和横块；区块链系统，指的是部署在参与方多节点结构的许可型区块链系统。通过物联网系统，能够将数据推送到许可型区块链系统，实现对原始数据的共识验证和信任背书。

◇区块链＋数字娱乐：MOLD 区块链游戏平台

随着游戏市场的繁荣发展，互联网企业也认识到了游戏产业的巨大价值，开始布局游戏平台，比如，腾讯和阿里巴巴都开始布局电子竞技领域。为了攫取最大的利润，区块链也被广泛运用于该领域，最典型的应用就是利用区块链技术来发行游戏币，建立快捷的支付方式，提高系统的安全性与稳定性。

度岛科技所打造的 MOLD 游戏平台，使用分布式网络以太坊创建的游戏币 moldcoin，可以在平台上的所有游戏中使用，可以将游戏部分的代币化道具转换为游戏币 MD，在下一个游戏中继续使用在技术层面，玩家可以提现到自己的钱包保存。平台上的数字资产则会分成两类，一类是冷钱包，另一类是热钱包。

"热钱包"里的游戏数量被严格监控，用户在平台内的数字资产安全玩家可以同时扮演"玩家＋制作方＋运营方"的角色参与游戏运营，拓展商业模式。而盈利的模式还包括游戏本身的盈利广告投入，能够给制作方团队、玩家和用户带来巨大的收益。

MOLD 通过区块链构建了一个公平的游戏社区，制定了透明、公平的利益分配机制，提高了玩家的获利能力，培养了更多的电竞人才，打造出了更智能、更健康的产业生态。

如今，信息互联网和价值互联网正处于交互结合的时期，游戏行业已经从街机等大型机器转为家用游戏机，接下来就是 PC 游戏，直到现在"手游"

的出现……这一连串的变化与信息互联网的发展有着密切关系。但是，在游戏行业，玩家却没有任何主导权与选择权，未来数字资产的保护以及存储转移等问题将会成为每个运营方和制作方都需要考虑的因素。而利用区块链技术，却能让价值互联网与信息互联网实现结合，由此可预计，具有可追溯、不可篡改特性的区块链必然会成为未来的主流。

◇区块链＋智能交通：银联智能交通支付系统

基于北斗和银联 Token 技术的"定位＋支付"的创新模式，才有了银联智能交通方案。

北斗系统定位高度精准，不仅可以将支付和车辆的定位很好地结合在一起，还能随着车辆的位置变动而完成支付流程，能很好地应用到高速不停车收费、公共停车无人缴费、城市拥堵费征收、自助充电收款等场景。例如，在高速不停车收费应用场景中，监控系统能够精准地找到车辆路径，根据车辆行驶记录自动计算收费额度。

1. 银联高速不停车收费解决方案

（1）车载终端配备北斗系统模块。

（2）下载对应的 App，绑定收费需要的银联卡。

2. 银联公共停车无感支付解决方案

（1）结合银联 Token 技术，实现停车费无感支付。

（2）车辆驶出停车场时，可以根据停车时间计算停车费用。

（3）提高车主停车效率，缴费更便利；降低政府推广成本，杜绝运输漏洞。

（4）依靠车辆实时北斗定位系统（BDS），能够精准定位车辆驶入或驶出停车位的情况。

3. 银联智慧拥堵收费解决方案

（1）依靠车辆实时 BDS 坐标，记录车辆行驶轨迹。

（2）结合令牌支付技术，进行车主金融账户无感支付。

（3）无须停车即完成缴费，提高车主的出行效率，解决城市核心区域交通拥堵问题，解决拥堵收费系统的建设和运营难题。

4. 银联充电桩无感支付解决方案

（1）车位只能为车辆提供充电智能导航系统。

（2）充电结束，结合银联 Token 技术，实行充电费用无感结算。

（3）汽车开始充电，系统能够根据感应到的充电情况触发计费。

（4）为车主节省寻找充电桩的时间，充电费用无感支付，打造便捷充电体验。

5. 银联汽车钱包方案

（1）作为汽车智能管家，帮助车主实现智能生活体验。

（2）基于用户的驾驶行为分析，购买个性化的保险服务。

（3）依靠联网支付 Token 技术，实现汽车钱包无感支付。

（4）基于汽车车型及其他软硬件，实现自动泊车、自动巡航电子购物等功能。

（5）银联汽车钱包与车联网进行深度整合，基于汽车运行数据智能分析，精准推荐汽车的保养维护方案。

◇区块链＋公共事务：日本的区块链政务系统

一直以来，日本都是区块链技术应用的积极践行者。如今，区块链已经渗入日本社会生活的多个领域，其民众对区块链的了解程度也处于全球领先水平。

对于区块链的应用，无论是在加密货币领域，还是在政务系统领域，日本都表现出了极大的热情。为了进一步促进区块链的发展，日本还发布了区块链评估标准，从可扩展性、可执行性、可靠性、生产能力、节点数量、性能效率和互用性等 32 个角度对区块链项目的可行性进行了评估。

在区块链技术浪潮席卷全球的时候，日本迎来了区块链技术的大爆发期。为了处理好公共事务，日本大胆尝试集中式服务器价格，为了缩减成本，日本使用了区块链技术，尽量减少集中式服务器，同时也减少了网络攻击及数据被窃取等问题。

以此为基础，日本政府还重点推行了政府区块链招标系统。在传统的政府招标过程中，日本政府机构需要向各类企业发出一系列竞标邀请，而投标机构则要从相关部门获得各种资料。使用区块链技术，该流程被优化。投标机构不仅可以从政府机关收集竞标申请人的纳税证明和其他必需的文件，还可以用电子方式来收集资料。

集中式系统的维护成本非常高，数据还可能被泄露，政府无法实现信息共享。使用区块链技术，政府的招标系统会变得更安全，甚至还会大大降低预算成本。

◇区块链＋保险：上海保交所区块链保险服务平台

"保交链"由上海保险交易所保险服务平台研发，支持每秒5万笔的指纹数据验证上链，被广泛应用于保险交易、金融清算结算、反诈骗和监管合规性等领域。

1. "保交链"的主体服务架构

"保交链"的主体服务架构共包括4个方面的内容：

（1）共识服务架构，保证了链上数据的一致性。

（2）身份认证服务架构，实现了身份服务的认证、审核、颁发和管理等功能。

（3）平台服务架构，满足了动态组网、同一底层平台下多链的配置和访问式服务。

（4）智能合约服务架构，保障了智能合约的安装、应用和升级等服务功能，为区块链系统中的认证服务提供了有力支撑。

2. "保交链"的系统应用

在系统应用方面，保交所在区块链技术上对安全性、可扩展性以及应用开发等能力进行了创新性发展。

（1）"保交链"不仅开发并配备了支持国密（即国家密码局认定的国家密码算法）的Gang算法包，还跟上海交大密码与计算机安全实验室达成合作，验证了"保交链"系统的可行性和安全性，应用过程更加安全可控，满足了国

际标准的算法，拓展了国际业务渠道。

（2）"保交链"中的节点可以依据企业要求，提供两种类型的节点部署形式，一种是本地部署，另一种是上海保交所的云托管，可以满足多数企业的开发需要，节省企业的开发成本，为不同机构的上链提供便利。

（3）"保交链"降低了应用开发的准入门槛，通过统一的 App 服务和功能分离的开发工具，满足了不同开发团队在应用、开发和运营等方面的需求，提高了业务场景的开发和迭代速度。

3. "保交链"的特点

"保交链"的特点概括如下：

（1）监管审计，实现了监管合规性的审计要求。

（2）监控运维，可以实时监控区块、数据、网络、CPU 内存和存储。

（3）性能安全，调整配置参数和快捷的应用设计，可以达到企业级应用标准。

如今，"保交链"已经成功地与数家保险机构在小范围内搭建了联盟链，由上海保交所和 9 家保险企业组成 10 个节点，对区块链在保险业的可行性进行测试。其中，数字保单与保单质押登记两个场景已经成功落地。

该"保交链"是国内保险大鳄的破冰之旅，已经成为行业标杆，引领着该领域未来的发展方向。同时，在区块链保险联盟内向成员开放区块链底层平台，能够由内而外地打通保险行业的区块链应用，打破供应链的上下游束缚，实现交易资源的数据分享，提高保险业的效率。

◇区块链 + 智能物流：新加坡 Yojee 的物流车队调度系统

新加坡 Yojee 公司是一家初创公司，成立于 2015 年 1 月，主要业务是通过自行设计的自动化物流网络，为物流公司提供实时跟踪、交货、开票、工作管理，以及司机服务质量评价等服务。在新兴技术大潮中，Yojee 将区块链与人工智能技术很好地结合在一起，开发了物流车队调度系统，实现了自动化调度与去信任问题，极大地提高了中小物流企业的竞争力。

Yojee 的调度系统是一款手机 App，其安装使用成本并不高。从功能上看，Yojee 的调度系统似乎很普通，仅是一套交流与管理工具，但它其实采用了人工智能与区块链两大热门技术，解决了物流运输中的诸多痛点。

过去给货运司机分配任务时，需要专职调度人员进行管理与调度，不仅会花费较高的人力成本，还会延长工时周期，继而容易产生错误。得益于计算机的强大处理能力，Yojee 物流车队可以在瞬间完成调度工作，这样不仅可以降低成本、减少时间消耗，而且司机与用户的交付操作也变得更加方便。

区块链是一种分布式记账技术，信息透明，无法篡改，通过区块链来跟踪与记录订单和交付信息，就能随时查看货物运输的过程信息，减少虚假与篡改，避免信任纠纷的出现。

大中型物流公司一般都设置有规范、完备的管理与分配系统，很少会出现效率与成本等问题，但小型物流公司特别是初创公司，通常货量较小、资金

有限，无法与行业巨头展开竞争，Yojee物流调度系统则很好地解决了小型物流公司或初创公司的这些痛点。该系统可以将诸多小型物流交付公司捆绑在一起，组成一个大的共同体，享受规模效益。

通常，公共平台都会涉及一定的信息泄露问题，通过区块链技术，Yojee促成了平台上物流公司之间的合作，保证了各自的线路与客户信息不会被他人知晓，确保公司与客户利益。

Yojee将人工智能用于调度，提高了物流效率；将区块链技术运用于跟踪与交易记录、交易信息处理，能够极大地降低物流过程中产生的费用，同时防止记录被篡改所造成的欺诈与交易纠纷，尤其适合小型物流公司及初创公司使用。

◇区块链＋金融科技：中国邮政储蓄银行的资产托管系统

2017 年 1 月，中国邮政储蓄银行和国外互联网巨头 IBM 在北京举办了发布会，宣布推出基于区块链的资产。该系统于 2016 年 10 月上线，到目前为止，已经操作了上百种真实订单交易。

典型的托管业务流程的参与方一般都不包括资产方、资产托管方和投资顾问等多个金融机构，可是单笔交易的金额很大，参与该笔交易的人数又多，各方都有自己的信息系统，但这些交易方过去都依托于电话、传真等方式进行信用校验，费时费力。

而区块链资产托管系统，是利用区块链的特性实现多方实时共享，避免了重复的信用校验，每笔交易只有在满足合同的全部条款时才能被执行，避免合同错漏；同时，只要条件满足，就能在特定时间里实现交易。区块链的不可篡改性，让交易能够保持信息的真实性和账户信息的安全性。对于审计和监管方来说，使用区块链，能简化监管流程，迅速获得需要的信息，并根据已有的信息进行干预监管，将风险控制在可控范围内。

中国邮政储蓄银行区块链资产托管系统的推出，是区块链在国内银行核心业务中的首次成功实践，提升了交易速度，同时保证了交易的安全。

◇区块链 + 医疗卫生：阿里健康医联体的区块链试点项目

如今，很多前沿科技还没有被运用到医疗行业的追踪、诊断和治疗上，利用区块链，可以大幅改变医疗数据无法联通的现状，常州试点的星星之火给医疗卫生机构带来了新的选择。

为了将新兴区块链技术应用于医联体底层技术架构中，解决医疗机构的"信息孤岛"问题，2017 年 8 月，阿里健康与常州市医联体达成共识，合作开发了区块链试点项目。常州市医疗区块链试点项目是区块链在中国医疗场景落地实施的第一个应用。

阿里巴巴集团借助自己在医疗领域多年的数据与技术积累，结合部分当下先进的开源区块链技术，开发出了适合当前医疗场景的区块链应用方案，不仅能够保护患者的医疗数据，还能将健康数据以更安全、更快捷的方式进行全网共享。阿里健康认为，需要尽可能地建立一个可以连接更多医疗卫生机构的区块链网络，努力实现医疗场景有价值信息的安全、便捷、可控流动。

阿里巴巴集团将区块链技术应用在医疗行业底层技术架构中，打造了区块链医疗信息共享平台，实现了医疗机构之间的数据共享；区块链的不可篡改性，打破了传统医疗数据的柜式存储与纸质记录，不仅使患者的健康信息更加透明可信，还解决了医疗机构间数据共享的安全问题。

◇区块链＋慈善公益：腾讯可信区块链"公益寻人链"

2017 年 10 月，腾讯可信区块链研究院正式推出了"公益寻人链"平台，通过链入多家寻人机构与网站，打破了"信息孤岛"，实现了国内部分寻人公益项目的数据共享，提高了寻人运作的效率。

腾讯将区块链的丰富经验移植到慈善公益领域，将规模扩大到各大平台，连接起了各大公益平台的数据；其将信息写入全球 PF 寻人协议，从我国实际情况出发，凭借成熟的分布式账本，搭建起了"公益寻人链"，使用该平台的慈善公益机构可以完成数据的分享，而各寻人机构依然能保持独立的筛选机制和自主性。

传统的发布寻人启事的方法是，需要在多家平台逐个发布，而腾讯"公益寻人链"平台搭建后，只需借助这一个平台，就能完成多平台同步发布，并完成多平台的实时更新；多种寻人信息发布渠道被有效结合起来，由独立运营变为多点联动，有效帮助失联人员尽快与家人团聚。

在数据分享及多方协同方面，"公益寻人链"平台体现了非凡的作用。该平台上没有中心节点，利用区块链技术，就能以"广播"的形式向所有节点传递信息，寻人信息能够在最短的时间里传播到全网络，实现信息的实时共享。同时，该平台将多个信息发布渠道连接到一起，极大地扩展了信息传播的范围，原先彼此独立的公益组织边界被打破，实现了大规模的信息传递。

◇区块链＋农业：中南建设与北大荒打造全球首个区块链大农场

近几年，随着区块链技术热度不断提升，分布式商业模式也得到广泛普及，众多新型合作机构应运而生。

2017年上半年，江苏中南建设集团股份有限公司与黑龙江北大荒农业股份有限公司合作，致力于"区块链＋农业"，将区块链技术应用于大数据农业，出资打造了"善粮味道"平台，推动了全球首个区块链大农场的发展。

该平台以农业物联网、农业大数据和区块链技术等为基础，依托集约化土地资源及高度组织化的管理模式，创新性地提出了"平台＋基地＋农户"的标准化管理模式，建立了一个封闭的自治农业组织。

东北的五常大米年产量为100万~200万吨，但市面上却有高达1500万吨的销售额度，存在严重的造假问题。区块链技术可以保证产品质量，促进现代农业的大发展，在"平台＋基地＋农户"的模式下，双方利用区块链技术共同创建分布式自治组织，将区块链技术认证提上日程。

从本质上来说，区块链大市场就是一个基于区块链技术的溯源性体系，将"区块链＋农业"作为战略来开启"大数据农业"的新篇章，可以帮助农业向着高效率及高质量的方向迈进。而"善粮味道"平台正是区块链技术在大数据农业方面的一种尝试。

后记

区块链行业未来可期

笔者认为，未来基于区块链的应用场景必然会侧重以下几个方面。

1. 政务相关信息公开和数据共享将大幅提升

在 2020 年应对新冠疫情的过程中，武汉疾控中心对外披露相关数据出现的诸多纰漏，暴露了城市数字化发展上的短板，值得全社会深入思考。加入各地方疾控部门使用全国统一的上报系统，数据上链，数据一经上报，就自动向全社会公开，且不得篡改，实现部门间的数据互联互通。如此，不仅是政府，更多的社会成员，包括专业医学工作者，都能通过公开可信的数据信息，在最短的时间里提出决策建议。

这方面真实的案例有很多，比如，2020 年 2 月 2 日，广州南沙区政府正式上线了疫情防控协同系统，基于"南沙城市大脑"，运用区块链等信息化技术，对疫情重点关注人员、最新疫情数据、资源调度等各类防疫信息进行有效整合，打通了区内政数局、政法委、卫健局、来穗局等多部门的数据系统。

2. 基于区块链的分布式商业将加速前进

2019 年至今，讨论非常热烈的区块链应用当属分布式商业，有人甚至还断言，2020 年将是分布式商业的元年。有数据曾经推测：2020 年将出现一个历史性拐点——线上零售电商交易量超过线下。现实是，这次疫情将该预测提前坐实了。可是，随着线上获客（流量）成本的逐渐提高，流量几乎被各大平台占据，中小企业的线上生意越来越难做。

所谓分布式商业，就是由多个具有对等地位的商业利益共同体构建的新型生产关系，通过预设的透明规则，进行组织管理、职能分工、价值交换、共同提供商品等新型经济活动。分布式商业的兴起与涌现是社会结构、商业模式、技术架构演进的综合体现，其特点为：多方参与、专业分工明确、规则透明可期、价值共同分享、智能协同共享等。

分布式商业更多是从流量、资金、协作方式、基础设施建设成本等方面考虑，体现了共建、共享、共治等理念，大家一起维护品牌、共担成本、共享收入。

区块链技术和分布式商业是相辅相成的，必须可信，才能提供可信平台，且安全加密不可篡改，才能实现共建、共享和共治。

3. 基于分布式自组织引发的组织形态迭代将加速

对于很多区块链从业者来说，远程分布式协作是很自然的一种工作模式。无尺度网络中的关键节点，是指基于区块链的分布式自组织中的超级节点、超级传播者。

当然，这种组织也有很多弊端，最大的问题就是"信任"。这些信任问题会引起沟通的低效、重复等，相当耗费时间。再如，自组织方式只能将一帮弱关系的人连接起来，无法在短时间内建立起信任关系，更没有权威的第三方来做双向确认，只能引发大量的资源浪费。

但笔者相信，随着区块链技术的不断发展，上述局面一定会有所改变。而且，未来社会的组织形态也会向这种自组织模式迭代发展，甚至还会因为这次特殊的事件，提高大众适应这种自组织模式的速度。